KB239786

내 몸에 꼭 맞는 다이어트
제 2 권

비만
탈출

ⓒ2013 박덕은

건강하게 장수하는 길 ❹

내 몸에 꼭 맞는 다이어트 제2권

비만원인

1판 1쇄 : 인쇄 2013년 4월 16일
1판 1쇄 : 발행 2013년 4월 19일

지은이 : 박덕은
펴낸이 : 서동영
펴낸곳 : 서영출판사

출판등록 : 2010년 11월 26일(제25100-2010-000011호)
주소 : 인천광역시 계양구 효성동 200-1 현대 404-103
전화 : 02-338-0117 팩스 : 02-338-7161
이메일 : sdy5608@hanmail.net

디자인 : 이원경

ⓒ2013박덕은 seo young printed in incheon korea
ISBN 978-89-97180-27-1 14590
ISBN 978-89-965513-5-5(set)

내 몸에 꼭 맞는 다이어트
제 2 권

비만 탈출

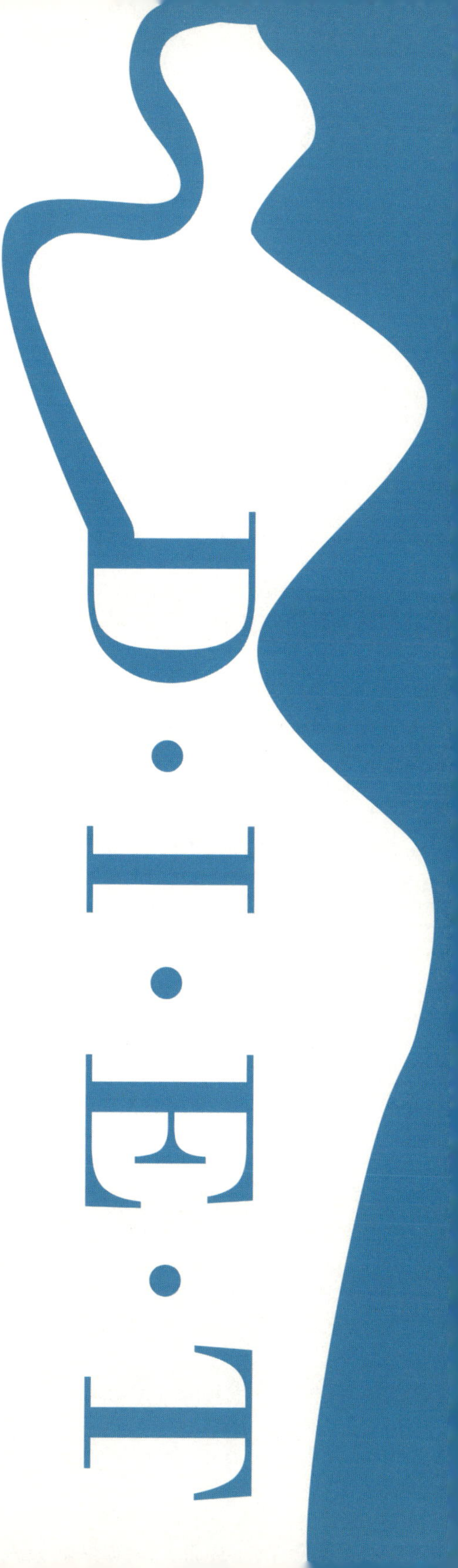

D·I·E·T

2013 · 서영

D · I · E · T

머리말

　현대인들에게 당뇨병, 동맥경화, 심장병(심근경색증), 유방암, 대장암 등으로 인한 사망 원인이 크게 늘어나고 있다. 이런 변화는 생활 수준이 향상되면서 비만 인구가 크게 증가하고 있는 추세와 비례하고 있다.

　비만은 체내에 지방이 과다하게 축적되어 있는 상태를 말한다. 즉, 비만은 인체 내에서 지방세포의 크기가 정상인의 것보다 훨씬 커져 신진대사에 장애를 일으킬 수 있는 질환이다(비만은 세계보건기구(WHO)에서 1996년부터 '질병'으로 규정했다).

　비만의 진단은 체지방량을 정확히 측정해야 가능하다. 체지방을 측정하는 방법은 여러 가지가 있으나 그 방법이 복잡하고 특수한 장비를 필요로 하기도 한다.

　비만을 언급할 때, 일반적으로 BMI라는 수치를 많이 사용한다. BMI(Body mass index)는 체질량 지수인데, 이렇게 계산한다.

BMI 18.5~22.9이면 정상이고, BMI 23~24.9이면 과체중, BMI 25 이상이면 비만으로 진단한다.

일부에서는 BMI 18.5~24.9까지를 정상으로 보기도 한다.

이는 계산이 간편하면서 체지방량을 비교적 정확하게 반영한다는 장점이 있어 임상 연구에 널리 이용되고 있다.

가장 이상적인 체질량 지수는 20~22 정도다. 세계보건기구(WHO)에서는 체질량 지수 25 이상을 과체중, 30 이상을 비만으로 규정하고 있다. 서구인에 비해 체격이 상대적으로 작은 한국인의 경우 체질량 지수 23 이상을 과체중, 27 이상을 비만으로 보는 게 타당한 듯하다.

다른 방법으로는 실제 체중과 표준 체중을 비교하여 산출하는 방법이 있다.

이때 표준 체중은 성별 및 체격에 있어서 사망률이 가장 낮은 체중을 말한다.

비만도가 120% 정도이면 비만, 120~140% 정도이면 경도 비만, 140% 이상이면 고도 비만으로 분류한다.

또 다른 방법으로는 체지방률을 측정해 보는 게 있다. 이는 체지방 측정기를 통해 측정이 가능하다.

남자는 12~18%, 여자는 18~23% 정도가 정상이다.

남자는 25% 이상, 여자는 32% 이상이면 비만으로 진단한다.

더 간단한 방법으로는 신장과 표준 체중으로 산출하는 방법이 있다.

표준 체중=(신장-100)×0.9

다른 간편한 방법으로는 허리 사이즈를 보면 된다.

남성의 경우 90cm(약 36인치) 이상, 여성은 85cm(약 34인치) 이상이면 복부비만으로 판정한다.

복부비만을 중요시하는 이유는 피하지방 말고도 내장지방이 쌓였다는 증거가 되기 때문이다. 내장지방의 경우 그저 지방으로만 존재하는 것이 아니라 일종의 호르몬으로 작용하여 건강에 매우 안 좋은 역할을 한다.

복부비만을 간단하게 진단하는 또 하나의 방법으로 허리둘레를 엉덩이 둘레로 나눈 값을 이용하기도 한다. 이는 배꼽 선에서 측정한 허리둘레를 최대 돌출부에서 측정한 엉덩이 둘레로 나누어 측정하는데, 측정 시 줄자의 압력이 일정하게 가해져야 한다.

WHR(Waist Hip Ratio)=허리둘레÷엉덩이 둘레

남성 0.9 이상, 여성 0.85 이상이면 복부비만으로 분류한다.

허리둘레가 엉덩이 둘레에 비해 복부지방량을 더 잘 반영한

다고 하여 그냥 허리둘레만으로 복부비만을 진단하기도 한다.

여성의 경우 78~80㎝ 이상, 남성의 경우 90~94㎝ 이상이면 복부 비만으로 판정한다.

허리둘레를 측정할 경우 피하지방과 내장지방이 함께 포함되므로, 합병증 발생을 보다 예민하게 반영하는 내장지방형 복부비만을 진단하기 위해 체지방 컴퓨터단층촬영(CT)을 이용하기도 한다.

비만을 체형에 따라 분류하면 지방이 주로 복부에 많이 분포해 있는 '사과형 비만(복부비만, 남성형 비만)'과 엉덩이와 허벅지에 지방이 많은 '서양배형 비만(하체비만, 여성형 비만)'으로 나눌 수 있다.

'사과형 비만'이 '서양배형 비만'에 비해 당뇨병, 심장병, 뇌졸중, 고혈압, 고지혈증 발병 위험이 훨씬 높다.

자, 이쯤해서 이 글을 읽고 있는 여러분은 자기 자신이 비만인가 아닌가, 비만이면 어느 형의 비만인지 알게 되었으리라 본다. 그렇다면, 비만 원인을 알아보고, 비만 탈출의 길도 찾아보는 게 좋지 않을까. 좀더 건강하게 좀더 장수하는 삶을 원한다면…….

남성은 여분의 지방을 복부에 저장하려는 경향이 강해서 살이 찌면 아랫배부터 나오는 반면, 여성은 지방을 몸 아래쪽에 저장하려는 경향이 강해서 폐경 이전에는 여성 호르몬의 영향으로 여분의 지방이 주로 둔부와 허벅지, 아랫배, 유방에 쌓이다가, 폐경 이후 여성 호르몬의 보호 효과가 사라지면서 지방이 주로 복부에 축적되어 복부비만을 유도한다.

둔부나 허벅지 부위에 있는 지방은 주로 피하에 저장되는 반면, 복부에 있는 지방은 몸 안쪽 깊숙이 저장된다. 배가 나온 복부 비만 환자들 중에는 피하지방이 주로 많은 '피하지방형'과 복강 안쪽 내장 사이사이에 존재하는 내장지방이 상대적으로 더 많은 '내장지방형'이 있다.

내장지방은 지방산을 더 많이 분비하여 혈중 콜레스테롤과 중성지방 수치를 올리며, 체내 인슐린 활동을 방해하여 당뇨병 위험이 그만큼 증가할 수 있다.

지방세포는 여분의 칼로리를 저장하는 저장 탱크일 뿐 아니라 장기를 보호하는 쿠션 역할과 추위를 막아주는 보온 역할, 필요할 때 사용하기 위해 여분의 에너지를 저장하는 능력을 지니고 있어서 긍정적인 면도 있다.

체내 지방세포의 발달은 아주 세밀하게 잘 조화를 이루고 있어 세포의 숫자(성인의 경우 평균 300~400억 개)는 잘 조절되고 있다.

출생한 지 처음 6개월 동안 지방세포 숫자는 계속 증가한다. 이 속도는 아동기가 되면서 느려지는데 만들어진 세포의 전체 숫자는 유전적, 그리고 환경적인 영향에 좌우된다. 사춘기에 이르면 지방세포의 숫자가 다시 크게 증가하는데 남성보다는 여성에게서 더 두드러진다. 몸의 지방세포는 성인이 될 때까지 거의 대부분 만들어져 축적된다.

이후의 체중 증가는 일반적으로 지방세포의 수가 증가하는 것이 아니라 단지 크기만 증가할 뿐이다. 물론 아주 심한 비만증의 경우에는 지방세포의 숫자가 증가하기도 한다.

지방세포는 작아지기는 해도 아주 없어지지는 않는다. 지방은 빠질지라도 지방세포는 전혀 줄지 않는다. 근육이나 장기의 손실이 있을지라도 거의 사망 직전까지 지방세포의 크기만 줄었지 숫자는 변동이 없다. 지방세포는 자기 자신을 열심히 지키도록 프로그램 되어 있다고 봐야 한다.

따라서 인간의 신체는 자기 체중이나 체내 지방량에 대해 이미 정해진 '기준점'을 갖고 있다. 이 '기준점'은 단기간에 쉽게 바뀌지 않는다. 그래서 다이어트는 어려운 것이다. 다이어트를 멈추면 곧바로 체중이 왜 느는지 우리는 알아야 한다.

비만 원인으로는 유전적·사회 환경적·심리적 원인, 기초대사량의 저하에 따른 원인, 그리고 운동 부족과 잘못된 식습관 등이 있지만, 어느 것 하나로 단정 지을 수는 없다. 이외에도 여러 비만 원인들이 있으리라 본다.

비만 원인에 대한 학자들의 연구는 다각도로 진행되어 왔다. 지금까지의 연구 결과를 식생활에서 오는 요인, 질병과 약에서 오는 요인, 일상생활에서 오는 요인, 주변 환경에서 오는 요인, 미생물에서 오는 요인, 기타 요인 순으로 나눠 〈내 몸에 꼭 맞는 다이어트: 제1권 비만 원인〉에 알뜰하게 정리해 놓았다. 이를 참고로 하여 자기 자신에게 해당하는 비만 원인을 하나하나 제거하기를 바란다.

〈내 몸에 꼭 맞는 다이어트: 제2권 비만 탈출〉에서는 그동안 학자들이 쌓아 놓은 연구 결과를 토대로 비만에서 탈출할 수 있는 길을 찾아보았다.

식생활에서 비만 탈출, 일상생활에서 비만 탈출 순으로 산뜻하게 정리해 놓았다.

무심코 지나치지 말고 진지하게 읽어 보고 탐구해서 마지막 숨을 거두는 순간까지 건강하고도 행복하게 즐겁고도 알차게 삶을 꾸려 나갔으면 좋겠다. 자기 자신을 위해서, 사랑하는 이들과 아름다운 여생을 위해서.

– 건강하고도 행복하게 즐겁고도 알차게 100세까지 살고 싶은
박덕은

목 차

2장 일상생활에서 비만 탈출

D·I·E·T

1장

식생활에서
비만 탈출

01
단백질 섭취량을 늘려야

박건영 교수가 이끄는 부산대학 식품영양학과 연구팀은 체중 138~139g인 실험용 쥐에게 30일간 고지방 먹이를 먹인 결과를 분석했다. 이 연구 결과는 2006년 7월 12일 언론에 보도되었다.

1) 암 발생이나 노화를 억제하는 데 효능이 있는 검정콩이 다이어트에도 탁월한 효과가 있다.

2) 고지방 먹이를 먹은 쥐는 체중이 287.5g으로 늘었으나 고지방 먹이에 검정콩 분말을 10% 추가해 먹은 쥐의 체중은 254.4g을 기록했다.

3) 고지방 먹이에 검정콩 껍질에서 추출한 천연 색소 안토시아닌을 첨가해 먹은 쥐의 체중은 243.6g으로 저지방 먹이를 먹은 쥐(240.3g)와 거의 같았다.

4) 장기의 비만 정도를 확인할 수 있는 신장 주변의 지방 무게의 경우 고지방 먹이만 먹은 쥐는 1.5g이었으나 검정콩 분말을 추가해 고지방 먹이를 먹은 쥐는 1.3g으로 나타났다.

5) 안토시아닌을 추가한 쥐는 1.1g으로 저지방 먹이만 먹은 쥐(1.0g)와 거의 같았다.

6) 콜레스테롤 수치도 고지방 먹이만 먹은 쥐는 100g BW(체지방체중단위)당 108.6g으로 측정된 반면, 검정콩 분말을 추가한 쥐는 87.5g으로 확인됐다.

7) 안토시아닌을 추가한 쥐는 80.3g으로 저지방 먹이만 먹은 쥐(76.5g)와 비슷했다.

8) 건강에 도움이 되는 고밀도 지단백 콜레스테롤 수치의 경우 고지방 먹이만 먹은 쥐는 100gBW당 38.5g이었으나 안토시아닌을 추가한 쥐는 저지방 먹이만 먹은 쥐(48.0g)보다 1.4g 많은 49.4g이었다.

9) 검정콩 분말을 추가한 쥐는 무려 체중이 53.0g으로 나타났다.

인제대 의과대학 백병원 가정의학과 강재헌 교수의 한마디.

"검정콩은 영양학적으로 저지방 고단백이기 때문에 다이어트로 적당한 식품이다. 검정콩은 포만감을 줘 배고픔을 덜 느끼면서 다이어트 할 수 있게 하는 장점을 갖고 있다.”

닉힐 저란자르 교수가 이끄는 루이지애나 주립대학 페닝턴 생물
의학 연구센터 연구팀은 과체중 남녀를 두 그룹으로 나눠 한쪽에는
아침에 달걀 2개, 다른 쪽에는 빵을 먹게 했다. 연구팀은 두 그룹의
남녀에게 총 칼로리량은 똑같이 제공했다. 또 포만감과 체중 감량
을 정확히 측정하기 위해 똑같은 몸무게의 사람들을 비교했다. 이
연구 결과는 〈국제 비만 저널(International Journal of Obesity)〉 온라인
판에 2008년 8월 5일 발표되었으며, 미국 의학 논문 소개 사이트 〈유
레칼러트〉에는 2008년 8월 5일 보도되었다.

1) 달걀을 먹는 그룹은 체중이 65% 이상, 체질량 지수(BMI)는 61% 이상 감소했으며 아침에
빵을 먹었던 사람들보다 하루 종일 에너지가 더 넘쳤다.
2) 많은 사람들이 콜레스테롤 때문에 달걀을 기피하고 있지만, 달걀을 먹은 사람의 저밀도 지
단백질(LDL) 콜레스테롤, 고밀도 지단백질(HDL) 콜레스테롤, 중성지방 수치 등은 '빵을 먹은
그룹'과 차이가 없었다.
3) 달걀은 포만감을 충족시키고 에너지를 높이기 때문에 전체 섭취 열량을 줄이는 것보다 살
을 빼는 데 더 도움이 된다.
4) 이 연구는 '달걀을 즐겨 먹는 사람이 심장병의 위험 없이 건강하게 살았다'는 이전의 30년
장기 연구 결과와도 일맥상통했다.
5) 또, 이 연구는 '아침에 달걀을 먹은 사람은 그렇지 않은 사람보다 포만감을 더 느끼고 이후 음
식을 적게 먹게 된다'는 〈미국 영양학 저널(Journal of the American College of Nutrition)〉(2008
년 5월호)의 논문을 뒷받침하고 있다.

미국 요리사이자 영양학자인 재키 뉴전트 씨의 한마디.
“살을 빼려는 사람에게 무언가를 조언할 때 충분한 고단백질 식
사를 강조한다. 달걀은 고단백질의 원천이 되는 자연 그대로의 식
품이므로 먹으면 포만감이 오래 가고, 다른 군것질을 하지 않게 된
다. 특히 노른자에는 달걀이 함유하고 있는 단백질의 절반 정도가

들어 있으며, 이밖에 많은 영양소가 포함돼 있다. 노른자를 먹으면 계란에서 얻을 수 있는 영양학적 이점을 최대한 얻게 되는 셈이다."

웨인 캠벨 교수가 이끄는 미국 퍼듀 대학 식품영양학과 연구팀은 과체중 또는 비만인 남성을 두 그룹으로 나누었다.

한 그룹은 하루에 필요한 전체 칼로리의 11~14%를 단백질로 먹게 했고 다른 그룹은 이보다 많은 18~25%를 단백질로 먹게 했다. 그리고 단백질을 아침, 점심, 저녁 중 어느 때 먹어야 가장 포만감을 느끼는지도 측정했다. 이 연구 결과는 〈영국 영양학 저널(British Journal of Nutrition)〉(2008년 9월호)에 발표되었으며, 미국 의학 논문 소개 사이트 〈유레칼러트〉에 2008년 9월 4일 보도되었다.

1) 달걀과 베이컨으로 구성된 고단백 식사를 아침에 하는 것이 점심이나 저녁에 하는 것보다 포만감을 더 느끼게 했다.
2) 고단백 식단으로 아침을 먹고 하루 종일 포만감을 느끼면 점심이나 저녁 식사량이 줄게 되어 체중 감량에 도움이 되었다.
3) 현대인은 아침에 단백질을 섭취하는 양이 적고 바쁘다는 이유로 그나마도 거르는 경우가 많은데, 양질의 단백질 공급원인 달걀이나 베이컨을 아침에 충분히 먹으면 하루 종일 든든하고 체중 관리에 도움이 된다.

자오핑 리 교수가 이끄는 미국 UCLA 대학 임상영양센터 연구팀은 100명의 비만 성인들을 두 그룹으로 나누어 관찰했다. 칼로리를 동일하게 맞춘 다음 한 그룹에는 지방제외체중(체중에서 지방량을 뺀 나머지 체중) 1kg당 2.2g의 단백질을, 또 다른 그룹에는 지방제외체중 1kg당 1.1g의 단백질을 섭취하도록 식단을 구성했다. 12주 후 체중의 변화를 관찰했다. 이 연구 결과는 〈영양 저널(nutritional journal)〉(2008년 9월호)에 발표되었다.

1) 단백질 섭취량이 많을수록 체지방이 더 많이 빠지는 것으로 밝혀졌다.

2) 체중의 변화는 고단백 식이군에서 -4.19kg, 일반 식이군에서 -3.72kg으로 두 그룹 간의 통계적인 차이는 없었다.

3) 체지방의 변화는 고단백 식이군에서 -1.65kg, 일반 식이군에서 -0.64kg으로 고단백 식이군에서 유의하게 체지방이 더 많이 빠졌다.

4) 다이어트를 할 때 단백질 섭취를 강화할수록 근육의 손실을 막을 수 있어 상대적으로 체지방의 감소 효과를 더 많이 볼 수 있다.

5) 현재 단백질의 영양 권장량은 체중 1kg당 0.8g이지만 다이어트와 근육 운동을 하는 경우에는 체중 1kg당 1.6g의 단백질을 섭취해야 근육 손실을 막을 수 있다.

리셋클리닉 박용우(비만 치료 전문) 원장의 한마디.

"무조건 적게 먹거나 칼로리를 낮추는 저칼로리 다이어트보다는 평소보다 단백질 섭취를 늘리는 단백질 강화 다이어트가 요요 현상이 적고 체중 감량 후의 유지 효과도 크다. 단백질 섭취량을 늘리면 포만감 호르몬인 pyy 3-36의 분비를 자극하여 포만감을 빨리 가져오고 오래 유지시켜 줄 뿐 아니라 상대적으로 탄수화물 섭취량을 줄일 수 있어 체지방을 더 많이 연소시키는 효과가 있기 때문이다. 단백질 섭취량을 평상시는 체중 1kg당 0.9g, 체중 감량을 시도할 때에는 1kg당 1.2~1.5g 정도 먹어야 한다. 몸무게 60kg인 사람이 살을 빼고자 한다면 하루에 단백질 72~90g을 먹어야 한다. 저포화지방, 고단백, 혈당지수가 낮은 복합당질과 오메가-3 지방산이 풍부한 음식을 주로 섭취하면, 비만의 원인인 렙틴 저항성이 개선되고 상향 조정된 체중의 세트포인트를 정상으로 돌릴 수 있다."

마리아 루즈 페르난데즈 교수가 이끄는 미국 코네티컷 대학 연구팀은 아침 식사로 단백질이 풍부한 달걀을 먹은 그룹과 탄수화물이 풍부한 베이글을 먹은 그룹을 관찰했다. 이 연구 결과는 뉴올리언스에서 열린 '2009 실험생물학 학술대회(Experimental Biology conference)'에서 2009년 4월 20일 발표되었으며, 미국 논문 소개 사이트 〈유레칼러트〉, 과학 전문 사이트 〈라이브사이언스〉 등에

2009년 4월 21일 보도되었다.

1) 달걀을 먹은 그룹은 베이글을 먹은 그룹에 비해 식후 3시간 뒤 배고픔을 덜 느꼈으며, 24시간 동안 섭취한 전체 칼로리가 적었다.
2) 단백질 위주의 아침 식사는 10대 청소년들의 식욕과 칼로리 섭취에도 영향을 미쳤다.

〈국제 비만 저널〉에 실린 달걀과 베이글 식사에 대한 또 다른 연구 결과는 다음과 같았다.

1) 아침에 달걀을 먹은 그룹은 베이글을 먹은 그룹보다 체중이 65% 더 감량되었고, 하루 종일 활력을 더 느끼는 것으로 나타났다.
2) 일부 사람들이 달걀에 대해 갖는 '콜레스테롤 상승' 효과는 이번 연구의 달걀을 먹은 그룹에서는 나타나지 않았다.

미국 캔자스 대학 메디컬센터 연구팀은 10대 청소년을 두 그룹으로 나눠 관찰했다. A그룹에는 단백질로 구성된 아침 식사, B그룹에는 탄수화물로 구성된 아침 식사를 제공했다. 열량은 똑같이 500kcal였다. 연구 결과는 다음과 같았다.

1) 단백질을 먹은 10대 청소년들은 하루 종일 음식을 통한 칼로리 섭취가 적었으며 공복감도 덜했다.
2) 같은 단백질 음식이라도 고체 상태로 먹으면 음료로 마셨을 때보다 배고픔을 덜 느꼈다.
3) 달걀을 많이 먹으면 콜레스테롤 증가로 심장병에 걸릴 것이라는 우려도 있었지만 실제로 이런 위험은 거의 없었다.

호주 국립대학 아니카 펠튼 교수는 페루에 사는 거미원숭이 15마리의 생활을 1년간 관찰하면서 이들이 섭취한 먹이들을 분석했다. 이 연구 결과는 〈행동생태학(Behavioural Ecology)〉에 2009년 5월 20일 발표되었다.

1) 계절에 따라, 그리고 섭취 가능한 먹이 종류에 따라 거미원숭이의 식생활은 그때그때 달라졌지만 한 가지 변하지 않고 유지되는 특징이 있었는데, 그것은 단백질 섭취량이었다.

2) 거미원숭이들이 필요로 하는 단백질량은 하루 11~12g 정도였다.

3) 단백질이 비교적 풍부한 나뭇잎이나 새순을 먹을 수 있을 계절에는 기본 단백질량이 충족되면 다른 먹이를 많이 먹지 않았다.

4) 거미원숭이들은 단백질 함량이 낮은 과일로 배를 채워야 할 때는 단백질량이 찰 때까지 먹어댔다.

5) 단백질이 적고 당분, 지방질이 많은 고칼로리 음식을 먹으면 단백질 필요량이 충족될 때까지 계속 먹어 비만을 초래하는 것은 사람이나 원숭이나 마찬가지였다.

6) 탄수화물과 지방을 많이 먹어서 비만해진 것이 아니라 '단백질 밀도'가 낮은 음식을 먹으니까 비만해진 것이다. 몸에서 필요한 단백질을 충분히 얻을 때까지 탄수화물과 지방을 과하게 섭취해 결국 비만해진 것이다.

낸시 크레브스 교수가 이끄는 미국 콜로라도대 의과대학 연구팀은 심각하게 비만한 10대 청소년을 두 그룹으로 나눠 13주 동안 서로 다른 식단을 제공하고 다이어트의 영향력을 평가했다.

한 그룹의 24명에게는 단백질이 많고 탄수화물이 적은 식단을, 다른 그룹의 22명에게는 지방질이 덜 섞인 식단을 제공하고 그 효과를 살폈다. 이 연구 결과는 〈소아과학 저널(Journal of Pediatrics)〉(2010년 4월호)에 발표되었으며, 미국 〈ABC 방송〉에 2010년 4월 1일 보도되었다.

1) 고단백 저탄수화물 식단에 따른 청소년들은 13주 사이에 평균 13kg의 체중을 감량했으나 저지방 식단에 따른 청소년은 7kg을 감량하는 데 그쳤다.

2) 단백질이 풍부하되 탄수화물을 깎아낸 식단이 지방질을 덜어낸 식단보다 살을 빼는 데는 훨씬 효과적이었다.

3) 흔히 비만에는 지방이 가장 큰 원인이라고 생각하지만 연구 결과 저지방 식단보다는 고단백 저탄수화물 식단이 더 효과가 있었다.

4) 베이컨, 달걀, 두부를 비롯한 고단백 저탄수화물 식단은 성장을 방해하거나 골밀도를 해치지 않고 나쁜 콜레스테롤 수준을 높이지도 않았다.

5) 비만한 10대가 다이어트 효과를 보려면 무조건 지방이 적은 음식을 먹는 것보다는 탄수화

물 덩어리인 밥과 빵을 줄이고 단백질 섭취를 늘려야 효과가 있다.

6) 10대 청소년의 비만을 해결하는 데 고단백 저탄수화물 다이어트가 바람직한 대안이 될 수 있다.

헤더 라이디 교수가 이끄는 미국 미주리 대학 연구팀은 두 번에 걸쳐 실험을 했다. 첫 번째 실험에서는 평소 아침을 먹지 않는 청소년들에게 단백질이 높게 짜여진 식사를 하도록 했고, 두 번째 실험에서는 비만 청소년에게 고단백 저탄수화물 식단과 저지방 식단을 각각 13주 동안 제공했다. 첫 연구 결과는 학술지 〈비만(Obesity)〉(2010년 6월호)에, 두 번째 연구 결과는 〈소아과학(Pediatrics)〉(2010년 6월호)에 각각 발표되었으며, 미국 과학 논문 소개 사이트 〈유레칼러트〉에 2010년 6월 2일 보도되었다.

〈첫 번째 연구 결과〉

1) 청소년들은 내내 배고픔을 덜 느끼고 점심때는 평균 130kcal씩 더 적게 먹었다.

2) 영양 성분에 상관없이 아침을 먹는 것 자체로 포만감이 컸지만, 다른 끼니보다 아침에 잘 차려진 고단백 식사를 하면 허기를 효과적으로 관리할 수 있다.

3) 청소년들이 고단백질로 잘 갖춰진 아침 식사를 하면 식욕을 낮추고 몸무게를 줄일 수 있다.

〈두 번째 연구 결과〉

1) 고단백 저탄수화물로 식사를 한 청소년들은 다른 그룹에 비해 체질량 지수(BMI)가 훨씬 낮았다.

2) 체지방도 훨씬 줄었으며 6개월 후에도 빠진 체중을 그대로 유지할 확률이 높았다.

데이브 엘리스 영양상담사의 한마디.

"비만 청소년에게 날마다 저칼로리 음식을 먹어야 한다고 하기보다는 아침에는 단백질 함량이 높은 음식을 먹고 점심과 저녁은 덜 먹도록 하는 식의 충고가 더 효과적이다."

영양학자 안네 아스트룹 교수가 이끄는 덴마크 코펜하겐 대학 연구팀은 체질량 지수 34의 비만자 938명을 대상으로 두 달간 하루 800kcal를 먹게 했다. 연구팀은 이들을 다섯 그룹으로 나누어 칼로리 섭취량은 같지만 다이어트 방법을 다르게 적용한 뒤 6개월 동안 체중 변화를 관찰했다. 이 연구 결과는 〈뉴잉글랜드 의학 저널(New England Journal of Medicine)〉에 2010년 11월 발표되었으며, 영국 일간지 〈텔레그래프〉에 2010년 11월 25일 보도되었다.

1) 고단백 저지방 다이어트를 한 그룹만이 6개월 뒤에도 체중을 그대로 유지했다.
2) 다른 그룹의 사람들은 각각 평균 0.5kg 정도가 늘었다.
3) 저단백 고당지수 다이어트를 한 그룹은 2kg이 더 불었다. 당지수(glycemic index, GI)란 섭취한 음식이 소화되는 과정에서 얼마나 빨리 포도당으로 전환돼 혈당을 높이는가를 점수화한 수치다.
4) 고단백 저당지수 다이어트는 포만감을 높이는 호르몬이 많이 분비돼 시간이 지난 뒤에도 배고픔을 못 느끼게 했다.
5) 구운 감자처럼 탄수화물이 많고 당지수를 급격히 오르내리게 하는 음식은 또다시 살이 찌는 요요 현상이 나타났다.
6) 고기, 생선, 달걀, 저지방 유제품, 콩류, 곡물 시리얼, 야채, 과일 등이 건강에 도움이 되는 식품들이다.

리셋 클리닉 박용우 원장과 아주대 대학병원 가정의학과 주남석 교수가 이끄는 연구팀은 평균 41.9세의 비만 성인 515명을 대상으로 12주 동안 단백질을 중심으로 한 'PRO 다이어트(Protein-Rich Oriental Diet, 단백질량은 늘리고 당지수(GI)가 낮은 탄수화물과 불포화 지방산을 섭취하는 다이어트)'를 하게 하면서 관찰했다. 그리고 저칼로리식과 병행하여 운동을 하는 기존 다이어트(conventional diet)를 한 성인 108명의 결과와 비교했다. 12주 프로그램을 지킨 사람은 각각 177

명, 78명이었다.

이 연구 결과는 SCI급 저널인 〈연세 메디컬 저널(Yonsei Medical Journal)〉(2011년 3월호)에 발표되었다.

1) 두 그룹 모두 체중과 체질량 지수(BMI), 허리둘레, 지방량 등이 줄었다.

2) PRO 다이어트를 한 사람은 기존 다이어트 프로그램에 참여한 사람보다 체중은 2.4kg, 체질량 지수는 0.8, 허리둘레는 3.5cm, 지방량은 2.2kg 더 줄었다.

3) PRO 다이어트를 한 그룹에서는 혈관 벽에 콜레스테롤을 쌓이게 하는 중성지방인 트리글리세리드가 크게 감소했다.

PRO 다이어트 12주 프로그램

1주	흡연, 군것질, 설탕이 들어간 커피 등 나쁜 습관을 끊는다. 하루에 네 끼를 먹는다.
2주	채소, 버섯, 해조류를 많이 먹는다. 두부, 생선, 계란, 해산물, 살코기 등은 적절히 먹는다. 하루에 식사는 네 끼, 물은 8잔 이상 마신다. 쌀, 빵, 국수, 파스타, 감자칩, 과일과 유제품은 삼간다.
3주	밥을 제외한 탄수화물은 삼간다. 밥은 아침과 점심에 반 공기만 먹는다.
4~5주	과일과 저지방 유제품을 조금씩 더해 먹는다.
6주	밥의 양을 한 공기 반으로 늘린다.
7주	매일 밤 적어도 6시간은 잔다.
8주	음식이 충분히 소화될 수 있도록 천천히 꼭꼭 씹어 먹는다.
9주	일주일에 한 번은 먹고 싶은 것을 먹는다. 일명 '다이어트 휴일'
10주	통밀빵과 탄수화물, 시리얼을 먹어도 된다.
11주	떡이나 국수는 일주일에 두 번만 먹도록 한다.
12주	아침 식사 전에 몸무게를 재 본다.

출처: Application of protein-Rich Oriental Diet in a Community -Based obesity Control Program, YONSEIMED I, 2011 Mar

〈PRO 다이어트 식단〉

아침	점심	간식	저녁
오전 7~8시	낮 12~1시	오후 3~4시	오후 6~8시
하이 푸로틴, 바나나 셰이크 (무지방 우유 + 바나나 1개 +단백질 보충용 분말 2스푼)	밥 반 공기 (비빔밥, 회덮밥), 생선구이, 순두부, 해물탕, 매운탕, 복국 등	단백질 분말 1포, 또는 삶은 계란 2개 + 갈아 만든 콩 두유	당질 제한 식사

미국 미주리 대학 헤더 리디 교수는 10대 청소년을 3그룹으로 나눠 관찰했다. 그룹별로는 각각 3주일 동안 아침 식사를 거르거나, 단백질이 풍부한 우유와 시리얼을 아침에 먹거나, 단백질이 많은 벨기에 와플, 시럽, 요구르트를 각각 먹도록 했다. 그러면서 주말마다 식욕과 포만감에 대한 설문 조사를 하고 점심을 먹기 전에 기능성자기공명영상(fMRI)으로 뇌 활동을 관찰했다. 이 연구 결과는 〈비만(Obesity)〉 온라인판에 2011년 5월 발표되었으며, 미국 과학 논문 소개 사이트 〈유레칼러트〉, 온라인 과학 뉴스 〈사이언스데일리〉 등에 2011년 5월 19일 보도되었다.

1) 단백질이 풍부한 아침 식사를 한 학생들이 아침 식사를 거른 청소년보다 포만감이 높았고 아침 내내 배고픔이 줄었으며 하루 종일 배고픔을 크게 느끼지 않았다.
2) 아침을 먹은 학생들은 점심을 먹기 전에 음식을 먹고 싶다는 뇌 부위의 활동이 줄어들었다.
3) 아침을 먹은 학생들 중에서도 특히, 단백질이 풍부한 음식을 먹은 학생들은 포만감이 오랫동안 지속돼 간식을 훨씬 적게 먹었다.
4) 무작정 끼니를 거르면 달거나 지방이 많이 든 간식을 찾게 되고 섭취하는 칼로리량이 많아져 체중이 늘어나게 된다.
5) 단백질이 풍부한 아침 식사는 식욕을 억누르고 과식을 막을 수 있는 좋은 전략이 될 수 있다.

앨리슨 고스비 교수와 스티븐 심슨 교수가 이끄는 호주 시드니 대학 연구팀은 지원자 22명의 남녀에게 3가지 식단을 제공했다. 단백질이 전체 칼로리의 10%, 15%, 25%를 각각 차지하는 식단이었다. 지원자들은 그중 한 가지 식단을 선택해 4일간 먹는 실험을 했다. 원하는 경우 추가 음식을 얼마든지 더 먹을 수 있는 여건도 제공됐다.

이 연구 결과는 미국 바이오 및 의학 분야 전문 학술지 〈플로스원(PLoS One)〉(2011년 10월)에 발표되었으며, 〈뉴사이언티스트〉에 2011년 10월 12일 보도되었다.

1) 살을 빼려면 전체 칼로리 중 단백질로 섭취하는 비율이 15%는 되어야 한다, 단백질을 이보다 더 적게 먹으면 식욕이 증가해 오히려 체중이 늘어날 위험이 크다.

2) 10%로 제한된 단백질 식단을 제공받은 남녀는 15% 식단을 제공받은 팀보다 탄수화물과 지방이 들어 있는 음식을 12% 더 많이 먹었다. 이는 한 달에 약 1kg의 체중이 늘어나게 만드는 추가 칼로리를 의미한다.

3) 단백질 비율을 25%로 늘린 식단에서는 총 칼로리 섭취량에 변화가 없었다.

4) 단백질은 아미노산으로 분해, 흡수돼 혈액 속에서 순환하게 되는데, 식욕을 조절하는 뇌의 영역은 아미노산이 충분치 않다고 느끼면 음식을 더 찾게 만든다. 이 같은 현상을 '단백질의 지렛대 효과'라 한다.

5) 신체는 단백질 즉, 아미노산의 일정한 수준을 유지하려는 경향이 있다.

6) 스테이크나 참치를 일부러 많이 먹으려고 할 필요는 없다. 단백질 섭취 권장량은 하루 총 칼로리의 15% 수준이기 때문이다.

7) 이 연구 결과는 체중 조절 전략에 커다란 시사점을 제공하고 있다.

데니스 부다코브 교수가 이끄는 영국 케임브리지 대학 연구팀은 적정 단백질 섭취가 식곤증과 비만에 어떤 영향을 주는지를 조사했다. 이 연구 결과는 학술지 〈뉴런(Neuron)〉(2011년 11월호)에 발표되었으며, 〈메지컬뉴스투데이〉에 2011년 11월 21일 보도되었다.

1) 수면과 에너지 대사에 관여하는 호르몬인 오렉신(orexin)이 단백질에 의해서 분비가 촉진될 수 있다.

2) 오렉신 호르몬은 뇌세포 중 하나인 오렉신 세포에서 분비되는 호르몬으로 에너지 대사와 수면에 영향을 미친다.

3) 설탕이나 초콜릿 등의 단 음식은 오렉신 호르몬의 분비를 막는 것으로 나타났다.

4) 식사 후 과도하게 축적된 포도당이 오렉신 세포의 활동을 막아 오렉신 호르몬의 분비를 지연시켜 결국 식곤증과 무기력증으로 이어졌다.

5) 부족한 오렉신 호르몬 분비는 에너지 대사를 급격하게 떨어뜨려 살이 찔 수 있다.

6) 적정 단백질 섭취가 식곤증과 비만 예방에 도움이 된다.

7) 피로 회복을 위해 즐겨 찾는 초콜릿 등의 단 음식은 식곤증을 불러올 수 있다.

조지 브레이 박사가 이끄는 미국 페닝턴 생의학 연구센터 '비만과 대사 임상치료과' 연구팀은 25명의 사람들을 한정된 공간에서 최대 3개월간 살게 했다. 참가자들은 운동을 거의 하지 않으면서 저단백질, 보통, 고단백질 식단을 제공받는 세 그룹으로 각각 나뉘어졌다.

이번 연구에 참여한 세 그룹은 총 칼로리의 5%, 15%, 25%를 단백질로 섭취했다. 저단백질 식단에서 제공하는 단백질은 하루 47g에 불과했다. 이 연구 결과는 미국 〈의학협회 저널〉(2012년 1월호)에 발표되었으며, 건강 정보 사이트 〈헬스닷컴〉에 2012년 1월 3일 보도되었다.

1) 참가자들은 최소 78g의 단백질을 매일 섭취해야 근육량을 유지할 수 있는 것으로 나타났다.

2) 이 중 2개월간 참가자들은 체중 유지에 필요한 칼로리량보다 매일 1,000kcal를 더 섭취하는 식사를 했다. 다만 이들이 섭취한 단백질의 양은 각기 달랐다.

3) 저단백질 집단의 체중 증가량은 다른 집단에 비해 절반 정도였다. 하지만 늘어난 체중에서 지방이 차지하는 비중이 크게 높은 것으로 나타났다.

4) 저단백질 집단은 잉여 칼로리의 약 90%가 체지방으로 축적되었다.

5) 이에 비해 다른 집단은 잉여 칼로리의 50%만 체지방으로 쌓였고 나머지 대부분은 몸에서 연소됐다.

6) 저단백질 집단은 지방을 제외한 체중이 평균 680g 줄어들었으나, 다른 집단은 지방을 제외한 체중이 각각 2.7kg, 3.2kg 늘었다.

7) 이번 연구는 수십 년간 지지를 받아온 '저단백이나 고단백 식사를 하면 신체를 속여 잉여 칼로리를 저장하지 않게 만들어 체중 증기를 막을 수 있다'는 기존 이론의 허구성을 밝혀 주었다.

8) 단백질을 적게 섭취하는 식사를 하면 근육은 줄어들고 체지방은 거의 두 배로 쌓인다.

9) 저단백질 다이어트를 하면 체중은 줄어들지 몰라도 몸매를 망칠 수 있다.

미국 UCLA 휴먼 뉴트리션 센터의 데이비드 허버 소장의 한마디.

"대부분의 사람들은 총 칼로리의 약 20%를 단백질로 섭취해야 한다. 하지만 단백질 20%라는 기준을 충족하기 위해 소위 황제 다이어트처럼 고지빙, 고딘백 식사를 할 필요는 없다. 닭고기 등의 흰 살코기, 바다 생선, 그리스 요구르트(치즈와 요구르트의 중간), 무지방

코티지(cottage) 치즈를 먹으면 단백질을 충분히 섭취하면서도 칼로리 섭취는 기준 이내로 제한할 수 있다. 단백질은 식욕을 억제하게 해주면서 지방을 제외한 체중을 유지하는 데 도움을 준다.”

미국 일리노이 대학 연구팀은 마른 쥐와 뚱뚱한 쥐의 간 내에서의 지방 축적도를 비교했다. 연구팀은 쥐에게 우유 기반 단백질인 카제인이나 콩 단백질이 함유된 먹이를 먹인 후부터 17주간 관찰했다. 이 연구 결과는 2012년 4월 24일 언론에 발표되었다.

1) 두부나 요구르트 같은 콩 단백질을 섭취하는 것이 지방간으로 인한 스트레스 중 일부를 완화시키는 것으로 나타났다.

2) 콩 단백질 섭취가 마른 쥐에서는 간에 별 영향을 주지 않은 반면, 비만 쥐의 경우에는 콩 단백질 섭취가 간 내에서의 중성지방과 전반적인 지방 축적을 20% 줄이는 것으로 나타났다.

3) 콩 단백질이 지방간질환 증상을 완화시키는 데 사용될 수 있다.

4) 그밖에도 콩 단백질이 지방 대사에 결정적인 역할을 하는 Wnt/β-catenin 신호전달경로를 부분적으로 회복시킬 수 있다.

5) 콩 단백질이 장기 내의 주된 신호전달경로 기능을 부분적으로 회복시켜 비만 환자의 간 내에서의 지방 축적과 중성지방을 크게 줄일 수 있다.

미국 인터넷 매체 〈허핑턴포스트〉는 2012년 5월 24일 채식주의자들이 충분히 단백질을 섭취할 수 있는 식품들을 다음과 같이 소개했다.

1) 렌즈콩: 철분이 풍부한 렌즈콩 한 컵에는 18g의 단백질이 들어 있는데, 이는 스테이크 90g에 들어 있는 단백질량과 맞먹는다.

2) 그리스 요구르트: 일반적인 요구르트보다 더 진하고 쏘는 맛이 있는 그리스 요구르트에는 같은 칼로리에 비해 단백질이 두 배나 더 들어 있으나 설탕은 별로 없다. 크기나 제품에 따라 다르지만 대체로 13~18g의 단백질이 들어 있다.

3) 병아리콩: 병아리콩 한 컵에는 강낭콩이나 검정콩처럼 단백질이 15g이나 들어 있다.

4) 두부: 미국 농무성에 따르면 두부 반 컵에는 10g 이상의 단백질이 들어 있다.

5) 템페: 인도네시아 대두 발효식품인 템페는 두부보다 좀더 단단하고 쫀득거리는 것으로 반

컵 정도에 15g의 단백질이 들어 있다.

6) 시금치: 시금치를 요리했을 때 한 컵에 5g 이상의 단백질이 들어 있으며, 칼슘과 철분도 많이 들어 있다.

7) 퀴노아: '인디오의 쌀'이라고 하는 퀴노아를 요리했을 때 한 컵에 8g 이상의 단백질이 들어 있고, 섬유질도 풍부하다.

8) 견과류: 땅콩, 아몬드, 호두, 피스타치오 등 견과류는 모두 훌륭한 단백질 공급원이다. 그중에서도 말려서 볶은 땅콩 30g에는 7g의 단백질이 들어 있다.

참조: 플로리다 주립대학 연구팀은 달걀, 지방, 섬유질, 비타민C를 먹었을 때 각각 심장병 위험 요소가 얼마나 증가하는지를 비교했다. 연구 결과는 다음과 같았다.

1) 달걀, 섬유질, 비타민C 섭취는 콜레스테롤 증가와 전혀 연관이 없었다.

2) 트랜스지방을 섭취했을 때는 심장병 위험이 증가했다.

참조: 2009년 실험생물학 학술대회에서 발표된 다른 연구 결과는 다음과 같았다.

1) 일주일에 달걀을 1~6개 먹는 남성이 1개 이하를 먹는 남성보다 사망 위험이 적었다.

2) 일주일에 1~6개 먹는 여성은 1개 이하를 먹는 여성보다 뇌중풍 위험이 적었다.

3) 달걀은 70kcal의 열량, 13개 필수 비타민, 다양한 미네랄, 양질의 단백질과 항산화 성분이 들어 있는 완전식품이다.

4) 달걀은 어린이 뇌 발달에 도움이 되는 콜린도 공급한다.

박덕은 박사의 건강 상식 · 1
단백질 섭취량을 높여 체지방을 더 많이 빠지게 하자.

02
탄수화물 섭취량을 줄여야

미국 심장학회 'ATP III 보고서'의 주요 내용은 다음과 같다.

1) 탄수화물 섭취량이 아주 높으면 좋은 (HDL) 콜레스테롤 수치가 감소하고 중성지방 수치가 증가한다.
2) 탄수화물 섭취량은 총 섭취 에너지의 60%를 넘지 말아야 한다.
3) 중성지방 수치가 높거나 HDL 콜레스테롤 수치가 낮은 대사증후군 환자는 탄수화물 섭취량을 총 섭취 에너지의 50%로 줄여야 한다.

저탄수화물 다이어트를 주장하는 '애킨스 재단'으로부터 연구 자금을 일부 지원받은 아이리스 샤이 교수가 이끄는 이스라엘 벤구리온 대학 연구팀은 과체중이거나 비만인 성인 남녀 322명을 대상으로 실험했다.

연구 대상자들은 저탄수화물 식단(황제 다이어트), 지중해 식단(다양한 채소와 과일을 중심으로 생선과 해산물 등을 곁들인 식단), 저지방 식단(기름기를 최대한 줄인 식단)으로 나누어졌다. 이 세 가지 식단 중 한 가지를 선택하여 2년 동안 먹게 한 뒤 체중을 비교했다.

이 연구 결과는 〈뉴잉글랜드 저널(New England Journal of Medicine)〉 온라인판에 2008년 7월 16일 발표되었으며, 미국 건강 의학 웹진 〈헬스데이〉, 건강 포털 〈웹MD〉 등에 2008년 7월 17일 보도되었다.

1) 저지방 식단을 따른 사람은 2년 뒤에 2.9kg, 지중해 식단을 따른 사람은 4.4kg, 저탄수화물 식단을 따른 사람은 4.7kg 몸무게가 줄었다.

2) 연구 대상자의 84.6%인 272명은 처음 선택한 식단을 2년 동안 꾸준히 유지했다. 이들 중 저지방 식단을 따른 사람은 3.3kg, 지중해 다이어트를 따른 사람은 4.6kg, 저탄수화물 다이어트를 따른 사람은 5.5kg 체중 감량에 성공했다.

3) 저탄수화물 식단은 콜레스테롤 조절에 효과적이었고, 지중해 식단은 당뇨병 환자의 체중 관리에 도움이 되었다.

4) 한 가지 방법으로 살을 빼는 데 실패하면 다른 방법을 고르면 되기 때문에 한 가지를 고집할 필요가 없다.

5) 무엇을 선택하든 지속적으로 꾸준히 해야 한다.

6) 최고의 다이어트 식단은 개인의 체질, 건강 상태, 식습관 등에 따라 다르다.

제프리 브라우닝 교수가 이끄는 미국 텍사스 주립대 의과대학 연구팀은 과체중 또는 비만인 사람 14명 중에서 절반은 탄수화물 섭취 비율을 줄인 '저탄수화물 다이어트'를, 나머지 절반은 전체 섭취 칼로리를 줄이는 '저칼로리 다이어트'를 2주 동안 하도록 했다. 그리고 간에 축적된 지방질이 얼마나 분해되는지를 2주 뒤에 관찰했다. 이 연구 결과는 미국 의학 논문 소개 사이트 〈유레칼러트〉에 2009년 1월 21일 발표되었으며, 간 분야의 세계적인 권위지 〈헤파톨로지(Hepatology)〉(2009년 1월호)에 보도되었다.

1) 저탄수화물 다이어트를 한 사람은 평균 체중이 4.3kg 줄어든 반면, 저칼로리 다이어트를 한 사람은 2.3kg 감량에 그쳤다.

2) 탄수화물 섭취를 줄이면 몸은 부족한 에너지를 간에 축적된 지방을 연소시키는 방법으로 충당하는데, 전체 칼로리를 줄이는 저칼로리 다이어트를 하면 음식으로부터 더 많은 열량을 섭취하려고 하면서 간에 있는 지방을 연소시키는 비율이 떨어졌다.

3) 저탄수화물 다이어트가 몸에 축적된 기존 에너지원을 활발히 소모하도록 하는 반면, 저칼로리 다이어트는 그런 작용이 상대적으로 떨어졌다.

4) 알코올성이 아니면서도 간에 지방이 쌓인 '비알코올성 지방간'을 약물이 아닌 다이어트를 통해 치료하는 방법을 찾기 위해 시도된 이번 연구는 비록 다이어트 방법을 찾기 위한 연구는 아니었지만 결과적으로 저탄수화물 다이어트가 체중 감량에 더욱 효과적임을 확인할 수 있었다.

경희대학 동서신의학병원 영양관리센터 이금주 팀장의 한마디.

"탄수화물을 먹으면 우선 간에서 글리코겐으로 저장되고, 남으면 중성지방으로 합성되어 몸속에 축적된다. 저탄수화물 다이어트를 하면 중성지방 합성이 줄어들면서 필요한 에너지는 지방을 연소해 충당하게 된다."

순천향대 대학병원 가정의학과 조주연 교수의 한마디.

"저탄수화물 다이어트를 하려는 사람은 저탄수화물에 고단백 음식, 즉 콩, 두부, 생선, 달걀, 나물반찬 등을 풍부하게 먹는 게 좋다. 떡국을 먹을 때는 떡을 조금만 넣어 달라고 부탁하는 것도 요령이다."

비만 전문 리셋클리닉 박용우 원장은 탄수화물 중독 여부를 알 수 있는 체크 리스트를 2009년 11월 11일 다음과 같이 제시했다.

	탄수화물 중독 여부	Yes	No
1	아침에 배불리 먹고도 점심시간이 되기 전에 배가 고프다.		
2	빵이나 떡, 면 종류를 먹게 되면 양을 조절하지 못하고 다 없어질 때까지 먹는다.		
3	피자, 햄버거 등 패스트푸드나 인스턴트식품을 즐겨 먹는다.		
4	식사를 하고 나면 졸리고 나른한 적 많다.		
5	신맛이 나는 과일보다 단맛 나는 과일을 좋아한다.		
6	스트레스를 받으면 초콜릿이나 과자 같은 단 음식을 먹어야 해소가 된다.		
7	원두커피보다는 설탕이 들어간 커피믹스를 좋아한다.		
8	정말 배고프지 않은 데도 먹을 때가 자주 있다.		
9	계속 다이어트를 하는데도 그때뿐이고 다시 살이 찐다.		
10	서랍 속이나 식탁 위에는 항상 과자, 초콜릿 등이 놓여 있다.		

3~5개: 심각하지 않지만 어느 정도 탄수화물 중독의 위험이 있다.
6개 이상: 이미 탄수화물 중독일 가능성이 높다. 적극적으로 식습관을 개선해야 하고 혼자서 해결하기 어렵다면 전문의를 찾는 것이 좋다.

<탄수화물 중독 여부>

1) 청량음료, 초콜릿, 케이크, 아이스크림 등의 유혹에서 벗어날 수 있다면 '설탕 중독'은 아닐 수 있다.

2) 떡, 라면, 스파게티, 감자, 밥 등을 평소보다 더 많이 먹는다면 탄수화물 중독을 의심해야 한다.

3) 탄수화물 중독은 탄수화물 과다 섭취로 이어지고 이는 비만, 당뇨병, 심장병, 각종 암, 치매 등을 유발한다.

4) 하루 종일 앉아 있는 시간이 많아 칼로리 소모가 적은 현대인은 탄수화물 총 섭취량을 줄여야 한다.

영국 사우스 맨체스터대 대학병원 연구팀은 유방암 가족력이 있는 88명의 여성을 조사했다. 연구팀은 대상자들을 세 그룹으로 나누었다. 첫 번째 그룹은 하루에 약 1,500kcal로 제한된 지중해 식단(식물성 식품, 해산물 등으로 구성된 지중해 주변 지역 사람들의 식단)을 제공받았다. 두 번째 그룹은 다른 날은 평소대로 먹으면서 이틀만 탄수화물을 끊고, 그날은 650kcal만 섭취하게 했다. 세 번째 그룹은 일주일에 이틀을 탄수화물 없이 지내게 했으나 칼로리는 줄이지 않았다. 4개월 뒤 조사한 바를 분석했다.

이 연구 결과는 미국 샌 안토니오에서 열린 항암제 연구센터-미국 암연구협회(CTRC-AACR)가 주관한 유방암 심포지엄에서 2011년 12월 발표되었으며, 미국 케이블 방송 <MSNBC>에 2011년 12월 8일 보도되었다.

1) 일주일에 이틀은 철저하게 탄수화물을 끊고, 나머지 날에는 평소대로 먹은 여성들의 경우 평균 4kg의 체중을 감량했다.

2) 1,500kcal의 지중해 식단을 제공받은 여성들은 대략 2.3kg 정도의 체중이 줄어들었다.

3) 참가자들이 탄수화물을 적게 먹는 식단을 가끔씩만 실행하더라도 덜 먹었다는 느낌 없이 계속 충분히 먹었다는 생각을 하게 된 것 같다.

4) 간헐적으로 저탄수화물 식사를 한 두 그룹은 모두 약 4kg의 체중이 줄어들었으며, 매일

1,500kcal로 식사한 사람들은 약 2.3kg의 체중 감소를 보였다.

5) 이틀 동안 탄수화물을 끊은 두 그룹은 유방암 발병과 관련이 있는 호르몬(인슐린과 렙틴)의 수치가 좋아진 것으로 나타났다.

6) 이틀만 철저하게 탄수화물을 빼 버리고, 나머지는 그다지 무리가 가지 않게 식사를 하면 좋다.

7) 탄수화물을 줄인 날은 단백질과 몸에 좋은 지방을 먹어야 한다. 그러나 빵, 파스타는 먹지 말아야 한다.

8) 뿌리채소(감자, 당근 등)는 50g 이하로 줄여서 먹는다. 과일은 조금 먹어도 된다.

9) 견과류, 푸른 잎이 있는 엽채류, 고추, 버섯, 토마토, 브로콜리, 가지, 콜리플라워 등도 곁들여 먹으면 좋다.

박덕은 박사의 건강 상식 · 2

몸에 축적된 기존 에너지원을 활발히 소모하게 하는 저탄수화물 다이어트를 하자.

내 몸에 꼭 맞는 다이어트
제2권 비만 탈출

03
오메가-3 지방산을 섭취해야

M. 돌로레스 파라 교수(생리학·영양학부)가 이끄는 스페인 나바라 대학, 아이슬란드 대학, 아일랜드 코크 대학의 공동 연구팀은 과다 체중자 또는 비만 환자 232명을 대상으로 실험을 진행했다.

피험자들의 평균 연령은 31세였으며, 평균 체질량 지수(BMI)는 28.3kg/m²였다. 연구팀은 이들을 2그룹으로 나눈 뒤 에너지 섭취량을 제한하며 균형 잡힌 식사를 제공하는 동시에 A그룹에는 1일 260mg의 저용량 오메가-3 지방산을, B그룹에는 1일 1,300mg에 달하는 고용량 오메가-3 지방산을 8주 동안 섭취하도록 했다.

이 과정에서 7주 및 8주째 시점에서 연구팀은 피험자들이 느끼는 공복감의 정도를 측정했다. 이 연구 결과는 학술 저널 〈애피타이트(Apopetite)〉(2008년 6월호)에 '체중 감량을 시도 중인 과다체중 및 비만 환자들의 장쇄 오메가-3 지방산 섭취가 포만감 조절에 미치는 효과'라는 논문 제목으로 발표되었다.

1) 장쇄(long chain) 오메가-3 지방산이 피험자들의 식후 식욕에 상당한 영향을 미쳤다.

2) 오메가-3 지방산이 식습관 변화에 대한 적응력을 높여주었다.

3) 오메가-3 지방산을 섭취하면 체중 감량을 시도하고 있는 비만 환자들의 포만감을 높일 수 있다.

4) 고용량의 오메가-3 지방산을 섭취한 그룹의 경우 식사 직후 및 식후 2시간 경과 시에 피험자들이 느끼는 공복감이 상대적으로 미약했다.

5) 포만감이 높게 나타난 그룹의 경우 혈액 샘플에서 오메가-3 지방산 수치 및 오메가-3 지방산과 오메가-6 지방산의 비율도 향상되었다.

6) 이는 장쇄 오메가-3 지방산이 공복감을 느끼게 하는 신호전달기전에 작용했기 때문이다.

바르셀로나 대학 연구팀은 비만과 당뇨병을 앓도록 유전자 변이된 쥐를 4그룹으로 나눈 뒤 조사했다. 이 연구 결과는 〈FASEB 저널〉(2009년 2월호)에 발표되었다.

1) 비만인 사람들이 비만과 연관된 후유증을 더 심하게 앓았다.
2) 오메가-3 지방산으로부터 추출된 'protectins'과 'resolvins'이라는 지방질이 비만인 사람에게서 인슐린 내성과 간지방증(Hepatic steatosis) 등의 간 후유증을 실제로 줄일 수 있는 것으로 나타났다.
3) 일반 먹이를 먹은 쥐들에 비해 오메가-3 지방산이 풍부한 먹이를 먹은 쥐들이 간 내에서의 염증이 덜했고 인슐린에 대한 내성이 약해진 것으로 나타났다.
4) 이 같은 효과는 오메가-3 지방산 속의 'protectins'과 'resolvins'에 의해 유발되는 것으로 나타났다.
5) 오메가-3 지방산을 많이 섭취하면 비만과 인슐린 내성에 의해 유발되는 간 손상을 막을 수 있다.

오다영 교수, 배은주 교수, 제럴드 올렙스키(Jerrold Olefsky) 교수가 이끄는 미국 샌디에이고 캘리포니아 주립대(UCSD) 의과대학 연구팀은 세포표면수용체(GPR120)를 인위적으로 없앤 쥐와 정상 쥐를 대상으로 오메가-3 지방산의 효과를 실험했다. 이 연구 결과는 생명과학 분야 권위지인 〈셀(Cell)〉(2010년 9월호)에 발표되었으며, 저널 측은 이 논문의 의미를 높이 평가해 대표 논문(Featured article)으로 선정했고, 2010년 9월 3일 언론에 보도되었다.

1) 오메가-3 지방산이 세포표면수용체(GPR120)로 불리는 G-단백질 수용체를 통해 항당뇨병 및 항염증에 효과가 있다는 사실을 밝혀냈다.
2) 고지방식과 함께 오메가-3 지방산을 먹은 비만 쥐는 염증이 억제되고, 인슐린 민감도가 향상됐지만, GPR120을 없앤 쥐에서는 이 같은 효과가 전혀 관찰되지 않았다.
3) 이번 연구로 오메가-3 지방산의 분자작용점을 찾음으로써 새로운 당뇨병 치료제의 길이

열렸다.

4) 너무 많은 생선 기름을 섭취할 경우 출혈과 뇌졸중 등의 부작용이 있어 어느 정도의 오메가-3 지방산을 섭취해야 할지에 대해 좀더 많은 연구가 필요하다.

이와 관련하여 당뇨병 권위자인 미시간대 의과대학 알란 살티엘(Alan Saltiel) 교수의 한마디.

"이번 연구 결과는 오메가-3 지방산이 어떻게 생체에 유익한 작용을 하는지를 밝힌 최초의 실험이다. 비만, 당뇨병과 같은 만성 염증성 질환을 치료하는 데 중요한 기점이 됐다."

미국 프레드 허친슨 암연구소는 알래스카 서남부에서 거주하는 유피크 에스키모인 330명을 대상으로 조사했다. 이 연구 결과는 유럽 〈임상영양학 저널〉(2011년 3월호)에 발표되었다.

1) 생선 기름에 많이 들어 있는 불포화 지방산의 일종인 오메가-3 지방산이 비만으로 인해 발생할 수 있는 질환인 당뇨병, 심장병 등을 억제하는 데 효과가 있다.
2) 생선을 통해 섭취하는 오메가-3 지방산이 미국인보다 20배나 높은 유피크 에스키모인들은 70%가 과체중 또는 비만인데도 당뇨병, 심장병 같은 비만 관련 질환 발생률이 미국인에 비해 현저히 낮았다.
3) 오메가-3 지방산이 함유된 생선을 많이 섭취하면 비만으로 인해 발생할 수 있는 질환을 어느 정도 줄일 수 있다.

에밀리 오큰 교수가 이끄는 미국 하버드대 의과대학 인구의학 연구팀은 임산부들의 오메가-3 지방산 섭취량, 그리고 분만 중 제대혈에서 오메가-3 지방산에 대비한 오메가-6 지방산의 수치를 측정했다. 태어난 아기들이 3세일 때 소아비만이 발생할 확률도 분석했다. 이 연구 결과는 미국 영양학회(ASN)가 발간하는 학술 저널 〈미국 임상영양학지(American Journal of Clinical Nutrition)〉(2011년 4월호)에 '출생 전 지방산 섭취도와 3세 시점에서 소아비만 발생의 상관관계'라는 논문 제목으로 발표되었다.

1) 임신 기간 중에 오메가-3 지방산을 충분히 섭취해서 태어난 소아는 비만이 될 확률이 크게 낮았다.

2) 오메가-3 지방산을 다량 섭취했던 임산부들에게서 태어난 아이가 3세일 때 체질량 지수(BMI)와 피하지방을 측정한 결과 소아비만이 감소했다.

3) 20% 정도의 임산부들이 주 2회 이상 생선류를 섭취했지만, 이들 중 1일 200mg의 도코사헥사엔산(DHA) 섭취량을 준수한 사람은 절반밖에 되지 않았다.

4) 조사가 시작되기 전 한 달 동안 1일 200mg의 DHA를 섭취한 임산부들은 1,120명으로 3%에 불과했다.

5) 3세 아이의 소아 비만율은 9.4%였다.

6) 분만 당시 제대혈에서 오메가-3 지방산에 대비한 오메가-6 지방산의 수치가 높았던 아기들의 경우 3세 시점에서 소아 비만도가 2~4배로 높게 나타났다.

7) 오메가-3 지방산을 많이 섭취한 임산부들에게서 태어난 아기, 출생 후 오메가-3 지방산을 충분히 섭취한 아기들의 경우 3세 시점에서 소아 비만도는 32%로 낮게 나타났다.

8) 임산부들이 오메가-3 지방산의 섭취량을 높이면 아이에게서 소아비만이 나타날 확률을 감소시킬 수 있다.

사우스오스트레일리아 대학 연구팀은 비만한 남녀를 4그룹으로 나눠, A그룹은 주 3회 규칙적인 운동과 함께 오메가-3 지방산(생선기름)을 섭취하게 했고, B그룹은 오메가-3 지방산만 섭취하게 했고, C그룹은 오메가-3 지방산 대신 해바라기씨유만 섭취하게 했으며, D그룹은 해바라기씨유와 규칙적인 운동을 병행하게 했다. 연구팀은 12주 후에 결과를 비교했다. 비교한 내용은 다음과 같았다.

1) 오메가-3 지방산 섭취와 규칙적인 운동을 병행한 그룹에서 지방이 가장 많이 감량됐다. 이는 오메가-3 지방산이 지방산을 연소시키는 데 필요한 효소들을 자극하기 때문이다.

2) 중성지방을 낮추는 효과를 보기 위해서는 오메가-3 지방산을 하루 2~4g 섭취해야 한다.

3) 우울증 환자의 증상을 개선시키는 데에도 오메가-3 지방산을 섭취하면 도움이 된다.

4) 오메가-3 지방산을 잘 섭취하려면 생선이나 해산물, 특히 등 푸른 생선을 1주일에 세 번 이상 규칙적으로 섭취해야 한다. 하지만 몸집이 큰 참치 같은 생선은 주의해야 한다. 수은이나 PCB 같은 유해물질의 농도가 높기 때문이다. 특히 임신한 여성은 태아에게 영향을 미칠 수

있으므로 섭취량을 줄여야 한다.

5) 아마 열매에도 오메가-3 지방산이 풍부해 아마씨나 아마씨유를 먹으면 좋다. 아마씨에 들어 있는 지방의 57%가 오메가-3 지방산이다. 가루로 분쇄된 아마씨를 매일 1작은술 먹거나 샐러드에 뿌려 먹으면 좋다. 식물성 기름을 고를 때는 콩기름이나 옥수수기름처럼 오메가-6 지방산이 많은 것보다는 아마씨유나 포도씨유, 올리브유를 선택하는 게 좋다.

6) 오메가-3 지방산을 보충제 형태로 섭취하는 것도 하나의 방법이다. 아마씨유 캡슐제제와 EPA · DHA 함량이 표기된 생선유 캡슐제제를 복용하는 것도 좋다.

박덕은 박사의 건강 상식 · 3

포만감을 높여 주는 오메가-3 지방산 섭취가 체중 감량에 도움을 준다.

04
단일 불포화 지방산을 섭취해야

　올리브유, 쇠고기, 포도씨유 등에 많이 들어 있는 단일 불포화 지방산이 배고픔을 잊게 하는 효과가 있는 것으로 밝혀졌다. 이 단일 불포화 지방산은 몸에 나쁜 콜레스테롤 수치를 낮추는 역할을 하기 때문에, 비만, 과체중 때문에 다이어트가 필요한 사람, 저체중증 때문에 식욕 증진이 필요한 사람에게는 희소식이 되고 있다.

　2001년에 다니엘 피오멜리 교수는 올레일에탄올아미드(OEA)가 체중 감소에 효과가 있다는 사실을 세계적인 학술지 〈네이처〉에 발표했다. 그 뒤 다니엘 피오멜리 교수가 이끄는 미국 캘리포니아 주립대학 어바인 캠퍼스 약리학과 연구팀은 실험용 쥐의 창자에 올리브 오일에 들어 있는 단일 불포화 지방산인 올레산을 주입한 뒤 이를 관찰했다.

　이 연구 결과는 세포대사 분야의 대표적인 국제학술지인 〈세포대사(Cell Metabolism)〉(2008년 10월호)에 발표되었으며, 미국 시사주간지 〈유에스뉴스 앤드 월드리포트〉, 영국 일간지 〈텔레그래프〉 온라인판 등에 2008년 10월 7일 보도되었다.

1) 올리브 오일에 들어 있는 단일 불포화 지방산인 올레산이 체중 증가와 음식 섭취를 억제하는 올레일에탄올아미드(OEA)로 변했다.
2) 이 OEA가 포만감을 느끼는 세포를 활성화시켜 장운동을 일으키고, 뇌에 '배가 부르다'는 신호를 보냈다.

3) OEA를 만들 수 없게 만든 쥐에게 지방을 섭취하게 했더니 배고픔을 느끼는 정도가 줄어들지 않았다.

4) 이는 뇌의 포만 중추를 직접 자극하는 기존의 식욕 억제제와는 전혀 다르다.

박덕은 박사의 건강 상식 · 4

단일 불포화 지방산(올리브유, 포도씨유)은 배고픔을 잊게 하는 데 효과가 있다.

05
저지방, 무지방 우유를 먹어야

미국 피츠버그 어린이병원의 영양사 앤 콘돈메이어스는 과체중 또는 비만인 부모를 뒀거나, 고콜레스테롤, 심혈관질환 가족력이 있는 집안에서 태어난 아기를 조사 대상자로 삼았다. 피험자인 1~2세 아기가 저지방 우유를 먹었을 때를 조사했다.

이 연구 결과는 〈소아학지(Pediatrics)〉(2008년 7월호)에 발표되었으며, 미국 의학 뉴스 〈웹진 헬스데이〉에 2008년 7월 17일 보도되었다.

1) 막 젖을 뗀 2세 미만의 자녀가 고콜레스테롤이나 비만으로 성장할 가능성이 높다면 자녀 건강을 위해 흔히 마시는 일반 우유(3.5~3.8% 지방 함유)보다 저지방 우유(2% 이하 지방 함유)를 먹이는 것이 좋다.

2) 과체중, 비만, 고콜레스테롤이 우려되는 2세 미만의 유아는 이미 충분한 양의 지방이 몸속에 축적돼 있기 때문에 지방 함유를 줄인 저지방 우유를 마셔도 된다.

3) 모유에는 우유보다 적은 양의 지방이 들어 있지만, 유아의 뇌를 발달시키기에는 충분하다.

4) 지방이 많이 든 우유 대신에 지방 함유량이 모유에 가까운 저지방 우유를 섭취하는 것을 우려할 필요는 없다.

5) 저지방 우유는 아기에게 적당한 콜레스테롤 수치와 장기적인 심장 건강을 유지하는 데 도움을 줄 것이다.

6) 저지방 우유는 콜레스테롤 수치를 낮추고 비만과 심장질환을 예방해 준다.

미국 소아학회 관련자의 한마디.

"유아가 활동할 때 필요한 모든 에너지는 지방을 통해 얻지만 이를 2세 미만의 유아에게 적용할 수는 없다. 2~5세 어린이는 지방 섭취를 줄이는 식단과 함께 저지방 우유를 마실 것을 권고한다."

"어린이가 비만과 심장질환 위험을 높이는 불포화지방이나 콜레스테롤을 많이 섭취하고 있다면 저지방 우유 섭취가 질환을 예방하는 데 도움을 줄 것이다."

미국 질병통제센터(CDC)는 2010년 1월 28일 '질병 발병률과 사망률 주간 리포트(Morbidity and Mortality Weekly Report)'를 통해 2005년 미국 뉴욕시가 학교에 저지방이나 무지방 우유를 공급하는 정책을 시행한 뒤 나타난 변화를 발표했다. 이 보고서의 주요 내용은 다음과 같았다. CDC가 발표한 이 보고서는 미국 경제지 〈비즈니스위크〉, 〈ABC 방송〉 온라인판에 2010년 1월 28일 보도되었다.

1) 뉴욕시의 변화된 우유 공급 정책에 따라 학생들은 일반 우유보다 열량이 33kcal 더 낮고, 지방은 3.4g 더 적게 들어 있는 저지방이나 무지방 우유를 마셨다.
2) 학생들은 1년 뒤 거의 6,000kcal의 열량을 덜 섭취하고 600g 이상의 지방을 줄이는 효과를 본 것으로 나타났다.
3) 우유 정책을 바꾼 뒤 학생당 우유 구매량도 1.3% 증가했다.
4) 일반 우유 대신 저지방이나 무지방 우유를 먹는 어린이는 칼로리와 지방 섭취가 줄어들어 비만을 막을 수 있다.
5) 학교의 우유 정책은 중요한 비타민과 미네랄의 섭취를 줄이지 않으면서도 칼로리와 지방을 줄여 비만을 막을 수 있는 실용적인 방법이어야 한다.

박덕은 박사의 건강 상식 · 5
어린이 비만을 막기 위해 일반 우유 대신 저지방 우유나 무지방 우유를 먹자.

06
갈색 지방의 활성을 촉진시켜야

키르시 비르타넨 교수가 이끄는 핀란드 투르쿠 대학 연구팀은 젊은 남성 5명의 지방질을 조사했다. 이 연구 결과는 학술지 〈뉴잉글랜드 의학 저널(New England Journal of Medicine)〉(2009년 4월호)에 발표되었으며, 미국 일간지 〈뉴욕타임스〉, 〈워싱턴포스트〉 온라인판 등에 2009년 4월 9일 보도되었다.

1) 5명의 피험자를 2시간 동안 추운 방에서 얼음물에 발을 담그고 있게 한 결과, 갈색 지방이 백색 지방을 연료로 사용해 태우는 것을 확인했다.

2) 여분의 에너지를 몸안에 저장하는 백색 지방과는 달리 갈색 지방은 백색 지방을 태우고 에너지를 소모하는 역할을 하는데 갈색 지방은 추울 때 활동을 개시한다.

3) 연구 대상자들 중 한 명은 갈색 지방을 62g이나 갖고 있었다.

4) 갈색 지방을 62g이나 갖고 있는 이 남자가 자신의 몸안에 있는 갈색 지방을 모두 활성화시키면 아무런 다이어트나 운동을 하지 않아도 1년에 백색 지방을 4.1kg이나 연소시킬 수 있다.

5) 적게 잡아도 갈색 지방의 50%는 평소 활동을 하고 있을 것으로 추정된다.

6) 갈색 지방의 활성을 촉진시키면 비만 치료에 효과를 볼 수 있다.

7) 복부비만과 합병증을 유발하는 것은 갈색 지방세포가 '비활동 상태'이기 때문이다.

8) 복부비만자의 갈색 지방세포가 잠자는 이유, 첫째는 갈색 지방세포를 자극해 지방을 태우는 담즙산이 모자라기 때문이고, 둘째는 운동을 안 해서이고, 셋째는 지방을 계속 많이 섭취하기 때문이며, 넷째는 노화의 영향이고, 다섯째는 스트레스를 받아 그 무엇을 위해 노력하지 않고 무사태평하기 때문이다.

네덜란드 마스트리흐트 대학 마켄 리츠텐벨트 교수의 한마디.

"마른 사람이 뚱뚱한 사람보다, 여성이 남성보다, 젊은 사람이 늙은 사람보다, 혈액 속 당 수치가 정상인 사람이 당 수치가 높은 사람보다 더 많은 갈색 지방을 가지고 있다."

보스턴 조슬린당뇨센터의 아론 시페스 박사의 한마디.
"성인 남녀의 절반 이상이 적어도 10g 정도의 갈색 지방을 가지고 있다."

갈색 지방은 신생아와 동면하고 있는 동물에게 많다. 성인에게 갈색 지방이 활성화되면 살이 빠진다는 연구 결과가 발표된 적이 있다. 갈색 지방은 추울 때 활성화되고 아주 많은 양의 열을 소모하는 것으로 알려져 있다. 그러나 갈색 지방의 양을 조절하는 주요 요소에 대해서는 거의 알려진 것이 없다.

마이클 사이먼드 교수가 이끄는 영국 노팅엄 대학 발달생물학과 연구팀은 작은 포유동물에게서 갈색 지방의 기능을 결정하는 두 가지 핵심 요소가 햇빛과 기온인 점에 착안하여, 3,500여 명을 대상으로 햇빛과 기온의 월별 변화와 갈색 지방과의 상관관계를 조사했다. 이 연구 결과는 학술지 〈당뇨병(Diabetes)〉에 2009년 8월 발표되었으며, 미국 온라인 과학 미디어 〈사이언스 데일리〉, 의학 논문 소개 사이트 〈유레칼러트〉 등에 2009년 8월 21일 보도되었다.

1) 햇빛은 갈색 지방의 활성화를 조절하는 가장 큰 요인인 것으로 나타났다.
2) 갈색 지방은 여성이 더 많았다.
3) 갈색 지방을 활성화하는 데에 기온도 영향을 미쳤지만 햇빛보다는 덜 중요했다.
4) 낮에 햇빛을 많이 쬐면 비만을 막아주는 갈색 지방이 활성화돼 체중을 줄일 수 있다.
5) 갈색 지방의 양이 계절에 따라 크게 달라지는 특성을 보였다.
6) 사람에게서 갈색 지방의 기능을 조절하는 새로운 메커니즘을 알게 돼 체중을 줄일 새로운 방법이 가능해졌다.

갈색 지방세포를 활성화시켜 복부비만을 예방하는 방법은 다음과 같다.

1) 추운 곳에서 찬바람 맞으며 운동한다: 온도가 올라가면 갈색 지방세포는 활성을 잃고 잠을 자게 된다. 외부 온도가 떨어지면 갈색 지방세포는 지방을 태워 체온을 37℃로 유지시키려 한다. 뇌는 추운 상태에서 교감신경을 흥분시키고 갈색 지방세포가 지닌 지방을 태우는 효소 'UCP-1'을 생성해 지방을 없애 준다. 추위 속에서 운동하면 백색 지방세포를 갈색 지방세포로 바꿀 수 있다.

2) 업무 긴장 상태를 유지한다: 교감신경은 업무 긴장감 등으로 경각심을 유지하거나, 목표 달성을 위해 정신을 바짝 차린 상태에서는 매우 흥분되어 있다. 이 같은 스트레스 상태는 교감신경 흥분 물질인 아드레날린과 갑상선 호르몬이 갈색 지방세포의 DNA를 자극해 지방을 태운다.

3) 하루에 식초를 15cc 마시거나 유산균제제를 복용한다: 식초를 마시면 3시간 정도 지나 초산이 갈색 지방세포를 자극해 과잉 지방을 태운다. 또한 지질 축적을 막아 주는 8가지 효소를 활성화시킨다. 장에 있는 좋은 유산균은 끊임없이 초산을 만들어 비만을 예방한다.

4) 담즙산을 복용한다: 간에서 매일 만들어지는 담즙산(DHCA)은 갑상선 호르몬을 자극해 갈색 지방세포를 활성화시킨다.

참조: 미국 영양학자인 타나 주커브롯 박사는 〈폭스뉴스〉 온라인 판에 '섬유질은 콜레스테롤 수치를 낮출 수 있는 대항마'라면서, '어린이를 위한 콜레스테롤 수치를 낮출 수 있는 음식 8가지'를 2008년 8월 4일 다음과 같이 소개했다.

1) 딸기류: 어떤 종류의 딸기든 어린이에게 좋다. 산딸기는 섬유질이 가장 풍부하다. 한 컵에 8g에 달하는 섬유질이 들어 있다. 사과와 같은 과일의 껍질에도 섬유질이 풍부하다. 어린이들의 콜레스테롤 수치를 낮추는 데 도움을 주므로 잘 씻어 껍질을 깎지 않고 먹는 것이 좋다.

2) 곡물: 곡물은 어린이들이 하루에 섭취해야 할 섬유질량의 절반을 충족시킬 수 있는 고섬유질 식품이다. 반 컵 정도의 곡물에는 4~14g의 섬유질이 함유돼 있다.

3) 콩: 강낭콩, 누에콩과 같은 콩을 말한다. 근육에 필요한 단백질뿐만 아니라 콩 한 컵에는 8g의 섬유질이 함유돼 있다. 콩은 고기와 같이 요리해 먹으면 좋다.

4) 파스타: 파스타를 좋아하면 통밀 파스타를 먹는 게 좋다. 껍질을 깐 밀로 만든 파스타보다 통밀로 만든 파스타는 정제된 탄수화물이 덜 들어 있으며, 섬유질은 더 많이 함유돼 있다.

5) 대두: 메주콩은 콜레스테롤을 낮추는 '파워 음식'이다. 대두에는 아이소플라본이라는 성분이 함유돼 있어 콜레스테롤을 낮추고, 심혈관과 성인병 같은 질환을 예방한다.

6) 팝콘: 팝콘 한 컵에는 7g의 섬유질이 들어 있다. 섬유질이 함유돼 있지 않은 감자칩과 같은 다른 스낵류와 비교했을 때 팝콘은 어린이들이 즐겨먹으면서 나쁜 콜레스테롤을 낮출 수 있는 스낵이다.

7) 땅콩버터: 땅콩은 콜레스테롤과 중성지방을 낮추는 데 효과가 있는 오메가-3 지방산이 풍부하다. 땅콩버터는 섬유질이 함유돼 있어 2큰술 정도면 2g의 섬유질을 얻을 수 있다.

8) 다크 초콜릿: 코코아가 많이 들어가 검은색을 띠는 다크 초콜릿이 다른 초콜릿보다 건강에 더 좋다. 다크 초콜릿에는 플라보노이드가 많이 함유돼 있다. 플라보노이드는 혈소판 응집을 막고 모든 세포에 필요한 영양소와 산소를 운반하는 모세혈관의 기능을 강화시켜 준다. 다크 초콜릿은 나쁜 콜레스테롤 수치의 10% 가량을 줄일 수 있다.

미국 심장협회 관계자의 한마디.

"2~19세 어린이와 청소년들의 하루 콜레스테롤 섭취량은 170mg 이하로 제한해야 한다. 식습관과 생활습관이 좋지 않은 아이들의 콜레스테롤 수치는 그 이상을 웃돌 수 있다."

참조: 리셋 클리닉 박용우 원장은 2011년 6월 17일 다음과 같이 말했다.

1) 체중을 5~10%만 줄여도 중성지방 수치는 20%나 떨어진다.

2) 체중과 뱃살을 빼면 중성지방은 자연히 줄어든다.

3) 전체 탄수화물 섭취량을 줄여야 한다.

4) 탄수화물 섭취량이 늘어날수록 중성지방 수치가 올라간다.

5) 섭취한 칼로리량이 같아도 탄수화물을 1%만 지방으로 바꾸면 중성지방 수치가 1~2% 떨어진다.

6) 신체 활동량이 적은 현대인들은 탄수화물을 60% 이하로 줄여야 하고 체중 감량이 필요한 사람의 경우라면 50% 정도를 더 줄여야 한다.

7) 혈당을 급격히 올리는 설탕 섭취를 가급적 제한해야 한다. 여성은 하루 100kcal(약 6찻술), 남성은 150kcal(약 9찻술) 이하여야 한다. 미국 심장학회에서도 설탕 섭취를 하루 종 섭취 에너지의 5% 미만으로 하도록 권장하고 있다.

8) 설탕 대용으로 가공식품에 많이 들어 있는 액상과당은 간에서 중성지방 합성을 증가시키

기 때문에, 음료를 고를 때는 반드시 영양 성분 표기에서 당류(단순당)가 몇 g 들어 있는지 확인해 보는 습관을 들여야 한다.

9) 트랜스지방산 섭취를 줄여야 한다. 가공식품에 들어 있는 트랜스지방산은 '나쁜(LDL) 콜레스테롤' 수치를 높여 심혈관 질환의 발병 위험과 중성지방 수치를 높이는 대표적인 유해지방이다. 쇼트닝이나 마가린으로 만든 식품 속 트랜스지방산을 1%만 불포화 지방산으로 바꾸면 중성지방 수치가 1% 줄어든다.

10) 수치가 좋아질 때까지 술을 끊어야 한다. 알코올 섭취량이 많을수록 중성지방 수치가 증가하기 때문이다. 알코올을 하루 30g(맥주 3잔 혹은 소주 3잔 정도) 마시는 사람의 중성지방 수치는 술을 전혀 마시지 않는 사람에 비해 5~10% 높다. 특히 술을 마실 때 동물성지방을 곁들이면 중성지방 수치는 더 올라간다.

11) 오메가-3 지방산을 섭취해야 한다. 매일 오메가-3 지방산 4g을 꾸준히 섭취하면 중성지방 수치가 25~30% 감소한다. 미국 심장학회에서는 중성지방 수치가 높은 사람들에게 오메가-3 지방산을 하루 2~4g 섭취하도록 권고하고 있다.

12) 중성지방 수치도 콜레스테롤 수치 못지않게 철저히 관리해야 혈관을 젊게 유지할 수 있다.

참조: 조안느 도건 박사가 이끄는 미국 폭스 체이스 암 센터(Fox Chase Cancer Center) 연구팀은 어릴 때의 식습관이 어른이 된 뒤 성인병에 걸릴 확률에 어떤 영향을 미치는지에 대해 조사했다. 이번 연구는 25~29세 여성 230명을 대상으로 이뤄졌다. 연구 대상자들은 모두 9세 미만까지 식습관 개선 연구에 참여했던 이들이었다.

이들은 어린 시절 하루 지방 섭취량을 전체 칼로리의 28%로 제한받았고 과일과 채소, 통곡밀 등 섬유질이 풍부한 음식을 먹도록 지도를 받았다. 연구팀은 '이중 에너지 방사선 흡수법(DXA, Dual energy X-ray Absorptiometry)' 촬영 등을 동원해 골밀도 등 이들의 신체 건강 상태를 종합적으로 점검했다. 또 혈압과 공복 시의 혈당(fasting plasma glucose), 중성지방 수치, 콜레스테롤 수치 등을 측정했다.

이 연구 결과는 〈임상 내분비학과 대사 저널(Journal of Clinical Endocrinology and Metabolism)〉(2011년 10월호)에 발표되었으며, 미국 과학 논문 소개 사이트 〈유레칼러트〉에 2011년 10월 27일 보도되었다.

내 몸에 꼭 맞는 다이어트
제2권 비만 탈출

1) 조사 대상자들은 식단 조절을 받지 않았던 일반인에 비해 혈압, 콜레스테롤, 혈당, 중성지방 등 성인병의 원인이 되는 주요 지표에서 대부분 낮은 수치를 나타냈다.

2) 이 같은 건강 효과는 어린 시절에 즉시 나타나는 것이 아니라 성인이 된 이후 서서히 나타나는 특이한 모습을 보였다.

3) 기름기 많은 음식을 주로 섭취하는 서양식 식단에 익숙한 어린이들은 성인이 됐을 때 대사증후군(metabolic syndrome)에 시달릴 가능성이 높다.

4) 대사증후군은 인슐린이 제대로 만들어지지 않거나 기능을 하지 못해 여러 성인병이 복합적으로 나타나는 증상인데, 이 현상이 일어나면 당뇨병이나 심장병, 고혈압, 뇌졸중 등 다양한 성인병에 걸릴 위험이 높아진다.

참조: 2010년도 한국 영양학회에서 발표한 한국인 영양 섭취 기준에서는 지방 15~25%, 탄수화물 55~70%, 단백질 7~20%를 적정 비율로 정한 바 있다.

순천향대 의과대학 예방의학교실 이병국 교수와 호서대학 식품영양학과 박선민 교수가 이끄는 연구팀은 2007년부터 2009년까지 실시된 '국민건강영양조사(질병관리본부에서 발표)' 자료를 분석했다. 이 연구 결과는 '적절한 지방 섭취는 혈액 중의 납 농도 감소에 영향을 준다'는 제목으로 국제 잡지 〈Science of the Total Environment〉(2012년6월호)에 발표되었으며, 언론에는 2012년 6월 7일 보도되었다.

1) 남자의 경우 일일 지방 섭취가 20~25%인 사람이 10%인 저지방 섭취군과 비교했을 때 혈액 중의 납 농도가 5.3~8.0% 감소했다.

2) 한국인들의 일 일 지방 섭취는 평균 16% 정도로 미국인들의 섭취량(33.6%)보다 현저히 낮아 과다 지방 섭취를 우려할 필요는 없는 것으로 나타났다.

3) 적절한 지방 섭취가 체내에 축적된 납의 배설을 촉진해 혈중 납 농도를 낮출 가능성이 있다는 것을 보여주었다.

4) 예로부터 광산 지역이나 주물 등 금속 공장 근로자들이 지방이 많이 함유된 돼지고기를 선호해 온 과거 속설도 학문적으로 증명됐다.

5) 예전부터 체내의 중금속 등을 해독하기 위해 지방이 많은 삽겹살 등의 돼지고기를 먹으면 좋다는 속설이 있었는데, 이번에 '국민건강영양조사' 자료 분석을 통해 국내에서는 처음으로

학문적으로 확인됐다.

6) 지방을 과다 섭취하면 심혈관계 질환과 관련이 있으므로 총 열량의 25% 정도를 지방으로 섭취하는 것이 바람직하다.

박덕은 박사의 건강 상식 · 6
비만 치료를 위해 갈색 지방의 활성을 촉진시키자.

07
비타민C 섭취량을 늘려야

비타민C는 기적의 보충제라고 정의를 내려도 부족함이 없다. 항산화제 기능이 있는 비타민C는 면역기능을 개선시키고 콜라겐 생성과 아미노산 합성, 혈류 강화에 필요한 물질이다. 또한 상처의 치유를 돕고 산화질소(NO) 생성을 촉진한다.

저지방 식이요법은 미국에서 통용되는 1일 비타민C 권장량의 67%를 섭취할 수 있도록 계획된 것이었다. 미국의 1일 비타민C 권장량은 90㎎(여성은 75㎎), 유럽은 60㎎이다.

캐롤 존스튼 교수가 이끄는 미국 앨리조나 주립대학 연구팀은 20명의 비만한 남녀를 2그룹으로 분류한 뒤, A그룹은 저지방 식이요법과 병행해 1일 500㎎의 비타민C 캡슐을 복용하게 했고, B그룹은 저지방 식이요법과 함께 '무늬만' 비타민C 캡슐인 것을 꾸준히 복용하도록 했다. 4주가 경과했을 때 비타민C 농도를 측정했다. 이 연구 결과는 2006년 4월 1~5일 샌프란시스코에서 열린 '2006년 실험생물학 학술회의(Experimental Biology 2006)'에서 발표되었다.

1) 체내의 비타민C 수치가 체지방 및 지방 산화와 관련이 있다.

2) 비타민C 캡슐을 복용했던 그룹은 혈중 비타민C의 농도가 30%나 증가했다.

3) 무늬만 비타민C 캡슐인 것을 복용했던 그룹은 혈중 비타민C의 농도가 오히려 27% 감소했다.

4) 혈중 비타민C 농도가 떨어지면 체지방 산화 능력이 감소할 뿐 아니라 피로감이 증가하게 된다.

5) 비타민C가 지방을 에너지원으로 사용하게 하고 피로를 감소시키는 작용을 강화한다.

6) 무늬만 비타민C 캡슐인 것을 복용했던 그룹은 체지방 산화 능력이 11% 감퇴했다.

7) 두 그룹 모두 평균 체중이 4.1㎏ 감소한 것으로 나타났으나, 비타민C 캡슐을 복용한 그룹은 동일한 수준으로 체중이 감소했더라도 체지방이 상대적으로 더 많이 감소했다.

8) 실험 시작 무렵, 비타민C 혈중 농도가 가장 낮았던 사람들이 체지방이 가장 높았다.

9) 가짜 약을 섭취한 그룹은 비타민C 혈중 농도가 낮아졌기 때문에 지방 산화 능력도 11%까지 감소했다.

10) 비타민C가 지방 산화에 영향을 주는 것은 비타민이 카르니틴(지방산의 대사에 관여하는 효소의 하나)을 합성하는 데 중요한 역할을 하기 때문이다.

11) 지방 산화 기능을 증폭시키려면 식사와 함께 비타민C 500~1,000㎎을 하루 2회 섭취해야 한다.

서형주 교수가 이끄는 고려대학 식품영양학과 연구팀은 체지방 28% 이상의 대학생 71명을 대상으로 8주간 실험했다. 이 연구 결과는 '대한 비타민 연구회'에서 2007년 11월 발표됐다.

1) 비타민C를 섭취할 경우 피로 회복과 체중 감량에 효과가 있다.

2) 별도의 식이·운동요법 없이 비타민C를 복용한 그룹에서 평균 0.9kg의 체중 감량 효과가 있었다.

3) 고용량의 비타민C 섭취가 별도의 식이·운동요법 없이 체중을 감량시켰다.

4) 키토산과 같은 식이섬유질과 함께 섭취할 경우, 비타민C가 체중 감량 효과를 약 1.5배 이상 향상시켰다.

5) 비타민C만 섭취한 그룹은 평균 0.9kg의 체중이 감량됐다. 비타민C를 단독 복용하는 것만으로도 체중 감량에 효과가 있었다.

6) 키토산과 비타민C를 혼합하여 섭취한 경우 평균 4.1kg을 감량해, 키토산을 단독 복용했을 때의 체중 감량 2.6kg보다 효과가 1.5배 높은 것으로 나타났다.

더라인 체형성형클리닉 조재호 원장의 한마디.

"비타민C는 식이섬유질의 흡수를 도와 지방을 분해하는 효과를 증대시키고 식이섬유와 함께 섭취했을 때 변비를 해소하는 데 효과적이다."

08
비타민D 섭취량을 늘려야

비타민D는 콜레칼시페롤(cholecalciferol)이라 불리는 비타민D와 에르고칼시페롤(ergocalciferol)이라는 비타민D_2등 2종의 비활성 전구체로 구분되어 있다.

샬라마 D. 시블리 교수가 이끄는 미국 미네소타대 의과대학 연구팀은 38명의 과다체중 남녀를 대상으로 저칼로리 식이요법을 11주 동안 진행했다. 이 과정에서 피험자들이 섭취한 칼로리량은 평소보다 1일 750kcal가 적은 것이었으며, 연구팀은 실험 시점과 종료 시점에서 피험자들의 혈액 샘플을 채취해 혈중 비타민D 수치를 측정했다. 이 연구는 미국 국립보건연구원(NIH)과 미네소타 대학의 지원으로 진행되었다. 이 연구 결과는 미국 워싱턴 D.C에서 열린 내분비학회 제91차 연례 학술회의에서 2009년 6월 11일 발표되었다.

1) 다이어트 시작 당시 평균적으로 비타민D의 전구물질인 25-hydroxycholecalciferol이 1ng/㎖ 높아질 시에는 체중이 약 0.196kg 더 빠지는 것으로 나타났다. 즉, 체중 감량 효과는 비타민D와 비례 관계를 이루는 것으로 나타났다.

2) 활성화된 비타민D가 1ng/㎖ 증가할 때마다 체중 0.107kg을 더 감량할 수 있는 것으로 나타났다.

3) 비타민D 농도가 높을수록 더 많이 살을 뺄 수 있었다.

4) 똑같이 식사 조절로 체중 감량을 시도하더라도 혈액 속 비타민D 농도에 따라 효과가 달라질 수 있다.

5) 비타민D가 체중 감소에 있어서 중요한 역할을 하는 것으로 확인됐다.

6) 비타민D 결핍이 비만과 연관돼 있다는 사실은 그동안 잘 알려져 왔지만, 비타민D 부족이 비만의 원인이라는 사실에 대해서는 불분명했다. 하지만 이번 연구를 통해서 비타민D 부족이 비만을 유발할 수 있는 것으로 확인됐다.

7) 다이어트 시작 당시 비타민D가 높은 사람들이 복부지방 역시 더 많이 빠지는 것으로 조사됐다.

8) 칼로리 섭취를 제한하는 다이어트를 할 경우에는 비타민D를 추가해 주는 것이 살을 빼는 데 더 이로울 수 있다.

미국 일리노이 주 프로비던트 클리니컬 리서치사의 케빈 C. 마키 박사가 이끄는 연구팀은 18세 이상의 남녀 257명을 대상으로 혈중 비타민D(25-히드록시비타민D) 수치를 측정하고, 식생활 실태를 파악하기 위한 설문 조사를 진행했다. 이 연구 결과는 〈임상지질학지(Journal of Clinical Lipidology)〉(2009년 8월호)에 '남녀 성인들에게서 나타난 혈중 25-히드록시비타민D와 고밀도 지단백 콜레스테롤 및 대사 증후군의 상관성'이라는 제목으로 발표되었다.

1) 비타민D의 혈중 수치가 상승할수록 대사증후군이 발생할 위험성은 감소하는 것으로 나타났다.

2) 비타민D 수치는 콜레스테롤 수치를 개선하는 데도 깊숙이 관여하고 있다.

3) 비타민D 섭취량이 가장 낮은 수준을 보인 그룹(48.4±1.8mg/dℓ)의 경우 대사증후군 발병률이 전체의 31%에 달해 비타민D 섭취량이 가장 높은 편에 속했던 그룹(62.3±2.1mg/dℓ)의 10%와는 상당한 격차를 드러냈다.

4) 피험자들의 혈중 비타민D 수치는 인체에 유익한 고밀도 지단백 콜레스테롤 수치와도 밀접한 상관성을 보였다. 다시 말해 25-히드록시비타민D 수치가 10ng/mℓ 증가했을 때마다 고밀도 지단백 콜레스테롤 수치가 3.8~4.2mg/dℓ 상승한 것으로 파악되었다.

5) 이 같은 상관성은 고밀도 지단백 콜레스테롤 수치가 1mg/dℓ만 높아지더라도 각종 심혈관계 질환이 발생할 위험성은 4~6% 감소하는 것으로 알려져 있음을 상기할 때 상당히 중요한 의미를 부여할 수 있는 대목이다.

6) 혈중 비타민D 수치와 중성지방 수치, 체질량 지수(BMI), 허리둘레 등의 사이에 유의할 만한 수준의 반비례 관계가 눈에 띄었음을 관찰할 수 있었다.

7) 과다체중자나 비만 환자들의 경우 정상 체중의 소유자들보다 비타민D를 훨씬 다량으로 섭취하는 것이 건강에 유익하다.

임승길 교수가 이끄는 연구팀은 2008~2009년 국민건강영양조사를 바탕으로 10,730명의 혈중 비타민D 농도에 따른 뼈와 골격계, 그에 따른 동반 질환과의 연관성을 연구했다. 연구팀은 10ng/ml 이하인 군을 A그룹으로, 10~20ng/ml 를 B그룹, 20~30ng/ml 를 C그룹, 30ng/ml 이상을 D그룹으로 분류해 혈중 비타민D와의 연관성을 조사했다. 이 연구 결과는 다음과 같았다.

1) 성인 남성 혈중 비타민D 농도는 21ng/ml 이하로 조사됐고, 여성의 경우 이보다 낮은 18ng/ml 로 나타났다.

2) 6.4%인 약 686명이 비타민D 결핍증이었으며, 60.47%가 비타민D 부족이었다.

3) 전체적으로 93%가 비타민D 불충분으로 나타났다.

4) A, B그룹에서의 골밀도 수치가 C, D그룹보다 낮게 나타났다.

5) 비타민D 농도가 30ng/ml 이상인 D그룹은 C그룹과 별다른 차이를 보이지 않았다.

6) A, B그룹에서만 인슐린 저항성을 보였다. 인슐린 저항성이 높으면 너무 많은 인슐린이 분비돼 고혈압이나 고지혈증부터 심장병, 당뇨병이 올 수 있다.

7) A, B그룹의 경우 결핵 유병률도 높은 것으로 나타났다.

8) 다만 고도 비만과 임신이나 수유 중인 여성, 장에서의 흡수 장애 환자, 골다공증 치료를 받거나 고령이라면 적정 혈중 농도를 유지하기 위해 이보다 많은 비타민D를 복용하는 것이 좋다.

세브란스병원 내분비내과 임승길, 황세나, 동국대 일산병원 내분비내과 최한석 교수의 한마디.

"비타민D 보충제 하루 섭취 권장량으로 600~800IU(international unit: 비타민량 효과 측정용 국제 단위)가 적당하다."

다음은 학자들의 한마디.

"비타민D는 비타민D2와 비타민D3가 있는데, 비타민D2는 식물성 식품에, 비타민D3는 동물성 식품에 포함돼 있어, 평소 이들 식품을 자주 섭취하는 것이 좋다."

"지용성인 비타민D가 많이 들어 있는 식품으로는 간 외에도 고등어나 참치, 연어 같은 등 푸른 생선, 달걀, 우유 등이 있는데, 우유 200㎖에 든 비타민D는 100IU, 참치통조림 100g에 든 비타민D는 236IU 정도다.”

“매일 15~20분 정도 일정 시간 햇볕을 쬐는 것이 좋다. 우리가 필요로 하는 대부분의 비타민D는 피부에서 자외선을 받아 합성되어 사용하게 된다. 20분 동안 햇볕을 쬐면 200IU 정도의 비타민D가 만들어진다.”

램블레이트 교수가 이끄는 캐나다 라발 대학 연구팀은 63명의

09
비타민과 미네랄을 섭취해야

과체중 혹은 비만인 여성을 조사했다. 연구팀은 이들을 대상으로 15주간 평소보다 하루 700kcal를 덜 섭취케 함과 동시에 일부에는 하루 600mg의 칼슘 두 알과 비타민D 200IU를 섭취시키고 나머지 여성들에게는 가짜 약을 복용시켰다. 이 연구 결과는 미국 〈영양의학지(American Journal of Clinical Nutrition)〉(2007년 1월호)에 발표되었다.

1) 참여 여성 모두 하루 800mg 이하로 칼슘 섭취가 부족한 것으로 나타났다.

2) 다이어트 중에 칼로리 섭취는 줄이는 반면 충분한 칼슘과 비타민D를 섭취해 주는 것이 콜레스테롤에 긍정적인 영향을 미쳐 심장 질환 위험을 줄이는 것으로 나타났다.

3) 칼슘과 비타민D 보충제를 복용한 여성들에게서 몸에 해로운 콜레스테롤인 저밀도 지단백(LDL)은 감소하고 몸에 좋은 고밀도 지단백(HDL)은 증가한 것으로 나타났다.

4) HDL/LDL 비율에 대한 칼슘 섭취의 효과는 연구 기간 중의 체중 감소 정도와는 연관성이 없는 것으로 나타났다.

5) 과체중인 여성들의 경우 저칼슘 섭취 현상이 매우 흔했으며 비만 환자의 반 이상이 충분한 칼슘을 섭취하지 못하고 있었다.

6) 비만 치료 시에 칼슘 섭취가 심혈관 질환의 위험을 줄임으로 칼슘 보충제를 섭취해야 한다.

7) 체중을 줄이려고 시도하는 여성이라면 반드시 칼슘과 비타민D 및 다른 비타민과 미네랄을 매일 충분히 섭취해 주어야 한다.

8) 칼슘이 장에서 지방 흡수를 억제하며 미네랄이 신체의 활동력을 증가시켜 지방 연소를 돕고 식욕 조절에도 도움이 된다.

학자들의 한마디.

"칼슘 성분이 많이 함유된 식품은 마른 해조류(특히 미역), 썰어 말린 무, 말린 표고버섯, 참깨 등을 들 수 있다.”

미국 질병예방통제센터의 1990년대 자료에 따르면 50~79세 여성의 약 50% 가량이 비만인 것으로 나타났다.

미국 카이저 퍼머넌트(Kaiser Permanente) 연구소 연구팀은 'Women's Health Initiative' 임상 실험에 참여한 50~79세 여성 36,282명의 자료를 분석했다. 이 연구 결과는 〈미국 내과학회지(Archives of Internal Medicine)〉(2007년 5월호)에 발표되었다.

1) 매일 칼슘과 비타민D 보충제를 7년간 섭취했던 여성들의 평균 체중이 0.28파운드 가량 덜 나갔으며 가짜 약을 복용한 여성들에 비해 체중 증가가 덜한 것으로 나타났다.

2) 권장치인 하루 1,200mg보다 적은 양의 칼슘을 섭취했던 여성들에게서 이 같은 효과가 가장 뚜렷하게 나타났다. 이 여성들이 3년 후에 2.2~6.6파운드의 적은 체중 감소, 6.6파운드 이상의 체중 증가를 보일 가능성은 각각 11%로 나타났다.

3) 칼슘과 비타민D 보충이 체중 조절에 일부 도움이 되는 것으로 나타났지만 여성들은 이에 앞서 식이 조절과 하루에 최소 30분의 운동을 통한 기본적인 체중 관리를 지속해야 한다.

4) 체중 증가를 막기 위해 비타민D와 칼슘 보충제 연구가 더욱 많이 필요하다.

이와 관련하여 전문가의 한마디.

“노화에 따른 체내 성분의 변화, 대사적 인자, 호르몬 변화가 신체 활동 감소와 더불어 폐경 여성에 있어서 체중 증가와 비만에 중요한 영향을 끼친다.”

마이클 제멜 교수는 비만 쥐를 대상으로 실험을 하여 고칼슘 식단이 몸무게 증가와 지방 축적을 감소시키며, 식이요법으로 체중 감량을 계속하면 체내에 축적된 지방을 연소시키는 데 도움을 받을 수 있다는 연구 결과를 발표했다. 그 후 마이클 제멜 교수가 이끄는 미국 테네시 대학 연구팀은 남녀 비만자 338명을 대상으로 유제품의 칼슘 성분이 '요요 현상'을 막는 데 얼마나 효과적인지를 측정했다. 이 연구는 미국 유제품협회의 재정 지원으로 진행되었다. 실험 참여자들은 우선 실험 개시 3개월 동안의 '감량 기간'에는 저열량 식사를 함으로써 체중 10% 이상, 또는 10kg 이상을 빼도록 했다. 그리고 '체중 유지 기간' 6개월 동안은 감량된 체중을 유지하는 한도 내에서 식이요법을 계속하되, A그룹은 최소한 일일 권장량만큼의 유제품을 섭취하도록 했고, B그룹은 권장량의 1/3 정도만 유제품을 섭취하도록 했다. 이 연구 결과는 〈영양과 대사 저널 (Nutrition & Metabolism)〉(2008년 11월호)에 발표되었으며, 미국 방송 〈폭스 뉴스〉 온라인판에 2008년 11월 8일 보도되었다.

1) 식이요법이 계속됐기 때문에 '체중 유지 기간'에는 A, B 두 그룹의 체중과 체지방 차이는 거의 없었다.

2) 두 그룹이 먹은 음식의 칼로리량에선 큰 차이가 있었다.

3) 일일 권장량 이상의 유제품을 마셔 칼슘을 충분히 섭취한 A그룹에서는 '감량 기간' 동안 먹었던 음식에서 칼로리를 9% 정도만 줄여도 요요 현상을 막을 수 있었다. 이는 칼슘 성분이 지방 흡수를 방해했기 때문이다.

4) B그룹에서는 '감량 기간' 동안 먹었던 음식에서 칼로리 함량을 22%나 줄여야 동일한 체중 유지 효과를 봤다.

5) A그룹은 상대적으로 고칼로리 음식을 먹고도 요요 현상을 막을 수 있었다.

6) 권장량 이상의 유제품을 섭취하는 사람은 일단 체중 감량을 한 뒤 체중 조절을 위한 식단을 계속할 때, 유제품을 충분히 섭취하지 않는 사람에 비해서 어려움을 덜 겪었다.

포천중문대 의과대학 김상만 교수는 2009년 3월 6일 다음과 같이 말했다.

"3대 영양소인 단백질, 탄수화물, 지방을 태워주는 비타민과 미네랄이 있어야 섭취한 영양이 체내에 쌓이지 않고 에너지로 전환된다."

캐나다 라발 대학 연구팀은 63명의 과체중 혹은 비만인 여성을 조사했다. 이 연구 결과 〈영국 영양학 저널〉(2009년 3월호)에 발표되었다.

1) 칼슘과 비타민D 보충제를 같이 섭취하면 과체중인 여성이 체지방을 줄일 수 있는 것으로 나타났다. 이 같은 효과는 음식을 통한 칼슘 섭취량이 매우 적은 여성에게만 해당됐다.
2) 저칼로리 식사와 병행하여 칼슘과 비타민D 보충제를 복용한 여성의 경우 가짜 약을 복용한 여성에 비해 15주 후에 체지방이 크게 감소하지는 않았으나, 연구 시작 전에 칼슘 섭취량이 매우 적었던 여성에서는 칼슘과 비타민D 보충제의 섭취가 체지방을 크게 줄게 했다.
3) 하루에 칼슘을 600mg 이하로 섭취했던 여성의 경우, 칼슘과 비타민D 보충제 섭취가 체중과 체지방을 크게 줄이는 것으로 관찰됐다.
4) 칼슘과 비타민D 보충제가 기름진 식품에 대한 식욕을 낮추는 데 도움이 될 수 있다.
5) 뇌가 칼슘이 부족한 것을 인지하면 보상적으로 식욕을 자극할 수 있어 다이어트에 방해가 될 수 있다. 이 같은 경우 칼슘 보충이 체지방을 줄이고 살을 빼는 데 도움이 될 수 있다.

노스캐롤라이나 대학 연구팀은 새로 태어난 돼지 24마리를 대상으로 진행한 총 18종의 임상 실험을 했다. 이 연구 결과는 2010년 5월 16일 언론에 발표되었다.

1) 생애 초기에 칼슘을 충분히 섭취하지 않으면 오랜 기간 뼈 건강에 악영향을 줄 수 있으며 심지어는 비만을 불러올 수도 있다.
2) 칼슘을 더 많이 섭취한 돼지에 비해 칼슘을 적게 섭취한 돼지들에게 골밀도가 현저하게 낮은 것으로 나타났다.
3) 골수 속 일부 줄기세포를 분석한 결과 칼슘이 부족한 돼지의 상당수가 뼈를 생성하는 세포 대신 지방세포로 분화되도록 프로그래밍화 된 것으로 나타났다.
4) 생애 초기에 칼슘 결손이 많으면, 미네랄이 부족한 상태에서 뼈가 형성되어, 골다공증과 향후 비만이 발병할 위험이 높아지는 것으로 나타났다.
5) 칼슘이 부족한 돼지들에게 골밀도와 뼈의 힘이 크게 저하된 것으로 나타났다.
6) 아이들이 한창 성장 중일 때뿐만 아니라 생애 초기에도 아이들의 뼈 건강에 보다 많은 관심을 가져야 한다.

을지대 대학병원 가정의학과 김상환 교수의 한마디.

"스트레스를 많이 받는 사람이나 다이어트를 하는 중이라면 비타민A, 비타민B, 비타민C를 보충해 주는 게 좋다. 비타민A · B · C는 스트레스에 대항하는 호르몬의 합성을 돕고 에너지 생산에 도움을 준다. 노인은 항산화 작용이 있어 노화를 방지하는 비타민A, 비타민C, 비타민E와 뼈의 노화 예방에 도움이 되는 비타민K를 보충하는 게 좋다."

나비휴 한의원 정용석 원장의 한마디.

"비만과 여러 질병들이 미네랄 부족에서도 오지만 상호 길항작용을 하는 미네랄의 불균형에서도 온다. 미네랄에 대한 검사들을 한 후 전문가의 처방을 받아 정확히 섭취하는 것이 중요하다."

크리스토퍼 D. 가드너 교수(예방의학)가 이끄는 미국 스탠퍼드대 의과대학 연구팀은 과다체중 또는 비만 여성 300명을 4그룹으로 무작위 분류한 뒤, 각각 앳킨스 식이요법(Atkins diet: 탄수화물이 가장 적게 든 식이요법) 73명, 존 식이요법(Zone Diet: 탄수화물과 단백질, 지방이 40:30:30으로 함유된 식이요법) 73명, LEARN 식이요법(생활습관 변화, 운동 등을 포함한 미 정부의 가이드라인에 부합하는 지방은 적은 반면 탄수화물이 보다 많은, 전반적인 행동 개선 요법을 의미하는 식이요법) 73명, 탄수화물 섭취량은 높지만 지방 섭취량은 제한되는 오니쉬 식이요법(Ornish diet: 탄수화물은 높은 반면 지방이 적은 식이요법) 72명을 진행토록 하는 방식의 실험을 진행했다.

연구팀은 8주가 경과한 시점에서부터 3차례에 걸쳐 전화로 설문조사를 진행해 조사 시점으로부터 24시간 이내의 음식물 섭취 실태를 조사했다.

이 연구 결과는 미국 임상영양학회(ASCN)가 발간하는 학술 저널 〈미국 임상영양학(American Journal of Clinical Nutrition)〉지 온라인판에

'주영양소들에 초점을 맞추고 있는 체중 감량 식이요법들에서 미량영양소 섭취의 질: A에서 Z까지의 연구 결과'라는 제목으로 2010년 6월 발표되었다.

1) 피험자들의 식사량이 실험에 착수했을 당시 평균 2,000kcal에서 1,500kcal로 감소한 것으로 관찰됐다.

2) 개별 식이요법에 따라 적잖은 차이가 눈에 띄었다. 앳킨스 식이요법 그룹의 경우 탄수화물은 1일 칼로리 섭취량의 17%에 그친 반면 지방과 단백질의 섭취량은 28%에 달했다.

3) 앳킨스 식이요법 그룹의 경우 치아민(비타민B1), 엽산, 비타민C, 철분, 마그네슘 등의 섭취량이 충분치 못했다.

4) LEARN 식이요법 그룹은 비타민E, 치아민, 마그네슘 결핍이 눈길을 끌었다.

5) 오니쉬 식이요법 그룹은 비타민E, 비타민B12, 아연 등이 부족했다.

6) 존 식이요법 그룹은 비타민A, 비타민E, 비타민K, 비타민C가 불충분했다.

7) 존 식이요법 그룹은 다른 미량영양소들의 섭취량은 부족하지 않게 나타났다.

8) 17가지 비타민과 미량영양소들 가운데 12종의 섭취량 측면에서 볼 때 식이요법에 따라 상당한 차이가 나타났다. 비타민E의 경우 전체 피험자들의 65% 이상이 충분한 양을 섭취하지 않았던 것으로 드러났다.

9) 체중 조절을 위한 식이요법을 진행할 때 각종 비타민과 미량영양소 섭취에 각별한 주의를 기울여야 할 것으로 보인다.

10) 식이요법을 진행할 때 주영양소(macronutrients)에만 전도되어 각종 미량영양소 섭취의 질이 저하되는 일이 없도록 각별한 유의가 필요하다.

참조: 팸 힌튼 교수가 이끄는 미국 미주리 대학 연구팀은 폐경 전의 과체중 여성들을 6주 동안 두 그룹으로 나눠 한 그룹은 뼈 건강에 좋은 운동을 시키고, 다른 그룹에는 식이조절로 살을 빼도록 한 뒤 골밀도 변화를 조사 비교했다. 뼈 건강에 좋은 운동은 빨리 걷기나 조깅처럼 체중부하 운동을 말하며 골밀도 변화는 혈액 검사를 통해 뼈가 재형성되는 '뼈 리모델링(뼈의 죽은 세포 대신 새로운 세포가 교체되는 과정)' 빈도를 테스트했다. 이 연구 결과는 〈응용 생리학-영양학-신진대사(Applied Physiology, Nutrition and Metabolism)〉(2010년 3월호)에 발표되었으며, 영국 온라인 의학 웹진 〈메디컬뉴스투데이〉

에 2010년 3월 13일 보도되었다.

1) 다이어트를 위해 빨리 걷기나 조깅 같은 운동을 하더라도 '뼈 리모델링' 속도를 줄이지는 못했다. '뼈 리모델링' 현상이 너무 잦으면 골밀도가 줄어들고 뼈가 약해진다.
2) 다이어트 중에 뼈 건강에 좋은 운동을 해도 뼈의 골밀도 손실을 예방할 수는 없었다.
3) 살을 빼는 동안 골밀도 저하를 최소화하고 싶다면 운동보다 칼슘과 비타민D를 충분히 섭취하는 게 훨씬 효과적이다.

참조: '국민건강영양조사' 결과에 의하면 한국인 1인당 하루 평균 칼슘 섭취량은 520mg 정도로 1일 권장량인 700mg의 80%에도 못 미치는 수치이다. 뿐만 아니라 맵고 짜게 먹는 식습관은 칼슘을 소모시키고 칼슘 배설량을 늘린다.

스위스 베른대 대학병원 연구팀은 우유나 치즈 등 칼슘이 많은 식품이 혈압에 어떤 영향을 미치는지를 조사했다. 실험 대상자들에게 매일 칼슘 1,000mg을 섭취하게 했다. 이 연구 결과는 2007년 11월 2일 언론에 발표되었다.

1) 수축기 혈압이 평균 1.8mmHg, 확장기 혈압은 1mmHg 낮아진 것으로 나타났다.
2) 칼슘은 혈관세포를 수축하게 하는 비타민D를 억제해 혈관세포를 이완시켜 결과적으로 혈압을 떨어뜨리게 했다.
3) 칼슘을 섭취한 사람의 경우 좋은 콜레스테롤인 HDL 콜레스테롤은 증가하고 나쁜 콜레스테롤인 LDL 콜레스테롤은 감소했다. 이것 역시 혈관 건강에 도움이 되는 것으로 혈압강하의 효과가 있었다.

박덕은 박사의 건강 상식 · 9

주영양소뿐만 아니라 각종 미량영양소도 적당량 섭취하는 식이요법이 좋다.

10
식이섬유를 많이 섭취해야

국으로 돌아온 바킷트와 트로웰 박사는 아프리카 사람들은 변비가 적고 심장병이나 암 등의 질병 발생률이 적다는 것을 알았다. 아프리카에서는 채소류와 곡류의 소비가 높다는 것에 착안해 식이성 섬유질(Dietary Fiber)을 '사람의 소화효소로 소화되지 않는 식물세포의 찌꺼기'라고 정의했다.

지금은 식이성 섬유질이란 식물성 식품뿐 아니라 동물성 식품도 포함해서 인체 내 소화효소로 분해되지 않는 음식물 중 고분자의 난소화성 성분을 총칭한다.

식이성 섬유질은 곡류, 신선한 채소, 과일에 많이 들어 있으며 특히, 감자, 당근, 고구마, 오이, 토마토, 시금치, 샐러리, 우엉, 사과, 딸기, 버섯 등에 풍부하다. 식이성 섬유질의 종류에는 셀룰로오스, 헤미셀룰로오스(곡류에 함유), 리그닌(채소류에 함유), 펙틴(과일류에 함유), 검(콩류에 함유) 등이 있다. 현재 일본 학자들은 일일 식이섬유질의 권장량을 20~25g으로 하고 있다. 미국에서는 하루 25g을, 식품의약국(FDA) 측은 20~35g을 권하고 있으며, 식이섬유 전문가들은 35~40g을 권하고 있다.

식이섬유는 일반적으로 '인간의 소화효소로 분해되거나 흡수되지 않는 식물의 가식부분과 유사 탄수화물'로 정의되며, 불소화성의 비전분성 다당류, 올리고당류(oligosaccharide), 리그닌, 난소화성 전분(resistant starch)과 관련된 식물 성분들이 포함된다. 식이섬유는 체내에서 혈당 조절, 혈중 콜레스테롤 감소 및 관상동맥질환 예방, 대장 기능 개선 등의 효과가 있는 것으로 보고되었고, 비만 예방 및 체중 관리 효과도 있는 것으로 추정되고 있다. 불용성 식이섬유는 소화된 음식물이 장을 통과하는 시간을 단축시키고, 변의 무게와 배설 빈도를 증가시켜 변비를 예방하는 효과가 있는 것으로 알려져 있으며, 대장 내용물을 희석시킴으로써, 유해한 물질의 배설을 촉진하는 효과도 있는 것으로 보고되었다. 수용성 식이섬유는 혈당 수치와 콜레스테롤 수치를 저하시킴으로써 당뇨병과 관상심장질환의 위험을 낮추는 것으로 보고되었다.

〈잘못된 식생활이 성인병을 만든다〉의 저자인 버킷 박사는 섬유질과 비만의 관계에 대해 다음과 같이 주장했다.

1) 아일랜드 쌍둥이 577쌍을 비교한 통계는 섬유질의 비만 방지 효과를 잘 나타내주고 있다.

2) 쌍둥이 형제 중 한 명은 미국으로 가고 다른 한 명은 아일랜드에서 살았는데, 아일랜드 쪽은 피하지방량이 적고 체중은 평균 76kg이었다. 이에 반해 미국 이주 쪽은 평균 체중이 78.5kg이었다.

3) 섬유질을 섭취하는 양도 전자는 하루에 6.4g, 후자는 3.6g이었다.

4) 하루의 섭취 칼로리는 미국 이주 쪽이 700kcal나 적었다.

5) 이는 칼로리가 많은 음식이라도 섬유질을 충분히 섭취하면 비만도가 낮아진다는 것을 나타내는 것이다.

6) 미국 이주 쪽의 F/E율은 0.1160이고, 아이랜드 쪽의 F/E율은 0.1680이었다. F/E율의 F는 Fiber=섬유질, E는 Energy=에너지다.

7) 섬유질은 에너지의 흡수를 방해해서 비만을 막아주는데, 이것은 수없이 많은 실험을 통해서 뒷받침되고 있다. 섬유질을 투여한 양에 따라서 실험 결과에 차이는 있으나 효과만은 확실했다.

쓰네유키 오쿠 박사의 한마디.

"일본 영양조사 결과 식이섬유 섭취량(1일 기준)은 지난 1951년 22.4g에서 1985년에는 17.3g으로 35년 동안 약 22%가 감소되었다.

반면 지방질 섭취는 늘었다. 식이섬유 섭취량 감소와 함께 결핵에 의한 사망은 줄었으나 심장병, 당뇨병, 고혈압, 악성종양 같은 만성병은 늘었다."

한국 영양학회가 1991년 11월 16일 '식이성 섬유질의 영양학적 역할'을 주제로 한 심포지엄에서 다음과 같이 주장했다.

이 심포지엄에 참가한 일본 도쿄대 의과대학 쓰네유키 오쿠 교수, 미국 미주리 대학 식품영양학과 데니스 고든 교수, 한국 국립보건원 권혁희 박사는 식이성 섬유질이 최근 선진국의 국민 영양 문제 중 심각한 과제로 부각돼 있다고 보고했다.

1) 각종 성인병에 덜 걸리려면 식이섬유가 많이 들어 있는 식품을 먹는 것이 바람직하다.

2) 현대인이 선호하는 정제된 가공식품은 소화가 안 되는 섬유질을 제거했기 때문에 에너지 효율성이 높아 비만을 가져오고, 비만은 결국 당뇨, 심장병, 고혈압 등 성인병을 부른다. 덜 정제된 곡류, 야채류, 해조류 등 식이(食餌)섬유가 풍부한 식품을 먹는 것이 건강에 유익하다.

3) 선진국에서는 전분 등 복합다당류가 많이 들어 있는 곡류를 덜 섭취하고 주로 정제된 가공식품을 먹는 데다가 운동 부족까지 겹쳐 비만이 되기 쉬운데, 섬유질은 비만 치료와 예방에 효과적이다.

4) 지금까지 알려진 식이섬유의 역할은 소화관의 움직임을 활발하게 하고, 대변의 용적을 증가시키고, 장 내용물의 통과 시간을 단축시키고, 담즙산을 감소시키며, 장내 세균의 종류와 대사를 변동시킨다.

5) 식이섬유는 변비 및 대장암 등에 뛰어난 효과가 있을 뿐 아니라 급성질환의 발병률을 감소시킨다.

6) 식이섬유가 성인병 예방에 기여하지만 경제 수준이 높아질수록 동물성 식품의 섭취가 늘고, 식이섬유 함량은 많지만 맛이 떨어지는 식물성 식품을 덜 먹게 되므로 특별히 섬유질 섭취를 늘려야 한다.

트로웰 박사의 한마디.

"칼로리에 대한 섬유질의 비율이 낮아지면 비만해진다."

미국 국립영양연구소가 행한 실험 결과.

"섬유질을 섭취하면 입으로 들어간 지방의 94.1%가 흡수되고, 섬유질을 섭취하지 않을 때에는 95.9%가 흡수되었으며, 또 모든 영양의 총 합계에서는 각각 91.6%, 96.3%가 흡수된다는 차이를 나타냈는데 이것은 섬유질이 영양의 흡수를 방해한 결과다."

2005년 보건복지부의 국민건강증진기금 지원 사업으로 보건산업진흥원에서 식이섬유 함량 분석을 진행하였다. '2001년 국민건강영양조사'와 '2002년 계절별 국민영양 조사' 결과에서 나타난 우리 국민이 많이 먹고 자주 먹는 식품을 기본 대상으로 했다. 여기에 국내외 식품 영양 성분 데이터베이스를 검토하여 식이섬유 함량이 높을 것으로 추정되는 식품들을 추가했다. 최종 상용식품 150종의 분석 대상 리스트를 확정해, 식품 100g당 총 식이섬유 함량(g)을 데이터베이스화한 것이다. 2006년 4월 3일 언론에 보도된 '상용식품 중 식이섬유 함량 분석 결과'는 다음과 같았다.

1) 이번 분석 결과는 식이섬유의 효과로 알려진, 혈당 조절, 혈청콜레스테롤 감소, 관상동맥질환 예방, 대장 기능 개선 및 비만 예방 등을 위한 식생활 계획과 식생활 지침을 마련하는 데 도움을 줄 것으로 기대된다.
2) 제한적으로 추정된 우리 국민의 식이섬유 섭취량은 1인 1일 평균 약 19.8g으로, 미국이나 일본 국민의 평균 섭취량인 15.0g에 비해 30% 정도 높은 것으로 나타났다.
3) 이는 에너지 1,000kcal당 10g의 식이섬유를 섭취한 것에 해당된다. 한국 영양학회에서 '한국인 영양 섭취 기준'을 통해 제안한 식이섬유 충분 섭취량인 12g/1,000kcal에 비해서는 다소 부족한 수준이었으나 30~49세 성인의 경우에는 11.8g/1,000kcal로서 기준에 근접하였다.
4) 식이섬유 함량이 높은 식품은 일반적으로 에너지 밀도가 낮고 만복감을 연장시킴으로, 비만 예방과 체중을 조절하는 데도 도움이 될 수 있다.

미국 텍사스 어스틴 대학 연구팀은 같은 나이와 같은 신체 조건을 가진 사람들 중 체질량 지수에 근거해 절반은 정상 체중, 절반은 비만 혹은 과체중이라고 여겨지는 사람들 100명의 음식 섭취에 대해 분석했다. 이 연구 결과는 2006년 6월 언론에 발표되었다.

원자력의학원 병리과 김민석 교수의 한마디.

"발효는 김장독 내에서만 일어나는 것이 아니라, 사람의 대장 내에서도 매일 일어난다. 좋은 발효식품을 많이 먹는 것도 좋겠지만 장내에서 세균들이 발효를 잘할 수 있도록 세균이 좋아하는 식이섬유를 많이 먹는 것이 더욱 중요하다."

미국 보건 당국이 권장하고 있는 하루 식이섬유 섭취량은 28~35g이며 식이섬유 중에서도 불용성 식이섬유가 건강에 좋다고 밝혔다. 식이섬유는 당과 지방의 흡수를 막아주고 식욕을 조절하는 데 도움이 된다.

요르디 살라스-살바도 교수가 이끄는 스페인 산호안 대학 식품영양학과 연구팀은 과다체중 또는 비만 환자들에게 불용성 식이섬유를 섭취하도록 한 뒤 조사했다. 총 200명의 과다체중 또는 비만 환자들을 대상으로 16주 동안 4g의 불용성 식이섬유 또는 가짜 약을 1일 2~3회 섭취하도록 하는 방식의 무작위 추출과 이중맹검법 실험을 진행했다. 여기서 피험자들이 섭취한 불용성 식이섬유는 글루코만난 1g, 옥수수 껍질(plantago ovata husk) 3g, 셀룰로스, 헤미셀룰로스(hemicellulose), 리그닌(lignin) 등이 함유되어 있고, 물에는 녹지 않는 식이섬유였다. 이 연구 결과는 〈영국 영양학지(British Journal of Nutrition)〉(2008년 6월호)에 '과다체중 또는 비만 환자들에게서 불용성 식이섬유 섭취가 체중과 대사계 변수들에 미치는 영향'이라는 논문 제목으로 발표되었다.

1) 불용성 식이섬유(soluble dietary fibre)를 섭취하면 포만감을 높여 체중 감량에 효과적일 뿐 아니라 심혈관계 건강에도 긍정적인 영향을 미칠 수 있다.

2) 불용성 식이섬유를 섭취한 뒤 콜레스테롤 수치가 개선되었을 뿐 아니라 가짜 약을 섭취했던 그룹에 비해 체중이 4kg 정도 더 많이 감소했음이 눈에 띄었다.

3) 16주가 경과했을 때 식이섬유를 1일 2회 및 3회 섭취한 그룹의 경우 각각 4.52kg과 4.60kg의 체중이 감소한 것으로 나타나 가짜 약 섭취 그룹의 0.79kg과는 현격한 차이를 보였다.

4) 식이섬유를 섭취한 그룹은 식후 포만감이 크게 증가한 것으로 분석됐다.

5) 저밀도 지단백 콜레스테롤 수치의 경우 식이섬유 1일 2회 및 3회 섭취 그룹은 각각 0.38mmol/L과 0.24mmol/L 감소한 것으로 나타났다. 이 역시 가짜 약 섭취 그룹의 0.06mmol/L를 훨씬 상회했다.

6) 식이섬유가 혈당반응을 낮춰 포만감을 높이면서 에너지 섭취량을 감소시켜 준 것 같다.

평균적으로 미국인은 매일 섬유질을 15g 섭취한다. 이는 권장 섭취량인 남성 38g, 여성 25g에 비해 매우 낮은 수치다. 또 건강을 위해 1,000kcal당 14g의 섬유질을 섭취해야 한다. 미국 국립암연구소(NCI)에 따르면 섬유질을 많이 섭취하면 당뇨병, 심장병에 유익할 뿐 아니라 신체 내 독소를 방출하는 데도 도움이 된다. 또 폐렴과 감기 예방에도 좋다.

박이경 박사가 이끄는 미국 국립암연구소(NCI)는 9년 동안 50~71세 남성 219,123명, 여성 160,899명 데이터를 바탕으로 설문 조사를 실시했다. 연구팀은 1995년부터 2년간 참여자들의 식습관에 대해 조사했다. 연구팀은 식이섬유 음식을 하루 13~29g 섭취한 남자들, 11~29g 섭취한 여자들을 9년간 추적 조사했다. 이 기간 동안 20,126명의 남성과 11,330명의 여성이 사망했다. 연구팀은 이들의 사인도 분석했다. 이 연구 결과는 〈내과학 연보〉(2011년 2월호)에 발표되었다.

1) 섬유질이 풍부한 음식을 먹으면 심장질환이나 호흡기 질환 등으로 인한 사망 위험을 줄일 수 있다.
2) 섬유질 섭취가 일부 암, 당뇨병, 비만 등에 걸릴 위험도 낮출 수 있다.
3) 섬유질 섭취량을 자신의 소화 능력에 맞춰 점차적으로 늘려가는 것이 바람직하다.
4) 위장운동과 콜레스테롤 저하, 혈당과 혈압 등에도 효과가 있으며 체중을 줄여주고 염증을 감소시켜 준다.
5) 식이섬유 음식을 가장 많이 먹은 사람은 가장 적게 먹은 사람들보다 사망할 가능성이 22% 낮은 것으로 나타났다.
6) 식이섬유 음식을 먹을 경우 심장질환이나 호흡기 질환에 걸릴 위험이 남성은 24%~56%, 여성은 34%~59%로 조사됐다.

탄수화물의 일종인 식이섬유는 일반 탄수화물과는 달리 체내에서 소화 흡수되지 않고 체외로 배설되며 열량도 매우 낮다. 물에 잘 녹는 수용성(과일, 해조류, 콩류)과 녹지 않는 불용성(채소, 곡류)으로 분류된다.

내과 전문의 크리스텐 헤어스톤(Kristen Hairston) 박사가 이끄는 미국 웨이크 포레스트 대학 뱁티스트 메디컬 센터(Wake Forest University Baptist Medical Center) 연구팀은 수용성 식이섬유를 하루 10g씩 먹고 적당한 운동을 5년 동안 계속할 경우 신체에 어떤 변화가 있는지를 분석했다. 연구팀은 미국인 중에서도 복부지방이 많아 고혈압, 당뇨병 발생률이 높은 흑인과 히스패닉계 주민 1,114명을 대상으로 복부지방과 피하지방을 가장 정확하게 측정할 수 있는 컴퓨터단층촬영(CT)과 함께 식생활습관 등 생활 방식을 조사하고, 5년 후 다시 똑같은 조사와 검사를 진행했다. 이 연구 결과는 〈비만 저널(Obesity Journal)〉(2011년 6월호)에 발표되었으며, 〈비만〉 온라인판, 미국 과학 전문지 〈사이언스데일리〉 등에 2011년 6월 27일 보도되었다.

1) 식이섬유 중에서도 수용성 식이섬유를 많이 섭취하는 것이 뱃살을 빼는 데 도움이 된다.

2) 식이섬유를 하루 10g씩(작은 사과 2개, 완두콩 한 컵, 얼룩 강낭콩 반 컵 정도) 꾸준히 먹을 경우 5년 후 복부지방을 3,7% 줄일 수 있었다.

3) 식이섬유를 하루 10g씩 꾸준히 먹으면서 적당한 운동(30분간의 강도 높은 운동을 일주일에 2~4번 정도 하는 것)을 병행할 경우, 5년 후 복부지방을 7,4%까지 줄일 수 있었다.

4) 피하지방보다 건강에 더 나쁜 내장지방, 즉 복부지방을 줄이려면 식이섬유를 많이 섭취하고 적당한 운동을 병행해야 한다.

5) 식이섬유 중에서도 과일이나 해조류, 콩 등 물에 잘 녹는 수용성 식이섬유가 효과가 더 있는 것으로 조사됐다. 물에 녹는 수용성 식이섬유는 사과, 바나나, 키위 등의 과일류와 양상추, 오이, 당근, 무 등의 채소류와 다시마와 김 등의 해조류에 많이 들어 있고, 물에 녹지 않는 불용성 식이섬유는 콩나물 등의 나물류에 들어 있다.

6) 각종 성인병의 원인으로 손꼽히는 복부지방을 줄이기 위해서는 식이섬유 중에서도 물에 잘 녹는 수용성 식이섬유의 섭취와 함께 적당한 운동을 병행해야 한다.

7) 뱃살을 빼기 위해서는 나물보다는 채소나 과일을 더 많이 먹는 것이 좋다.

8) 식이섬유는 모두 다이어트에 도움이 되지만 특히, 수용성 식이섬유가 다이어트에 더 효과적이다.

9) 수용성 식이섬유를 많이 먹으면 다이어트는 물론 고혈압과 당뇨병 예방에도 도움이 된다.

단국대학 교수 정윤화 교수(식품영양학)는 식이섬유의 중요성에 대해 2012년 2월 11일 다음과 같이 언급했다.

1) 소는 체내에 식이섬유 분해(소화) 효소가 있는 반면, 사람은 몸안에 식이섬유를 분해하는 효소가 없어 식이섬유를 소화할 수 없다.

2) 식이섬유는 인체에 유익한 여러 가지 생리활성을 가지고 있다. 이런 기능의 중요성 덕분에 식이섬유를 '제6의 영양소'로 부르기도 한다.

3) 식이섬유는 물에 녹는 가용성(과일과 해조류에 많이 들어 있음)과 물에 녹지 않는 불용성(현미 등 통곡물이나 채소에 풍부함)으로 분류된다. 장에서 쉽게 용해, 팽윤(물질이 용매를 흡수해 부풀어 오르는 현상)되어 끈적끈적한 점성을 띠는 가용성 식이섬유는 포만감을 갖게 하고 포도당의 흡수를 지연시키는 기능이 있어 비만 및 당뇨병 예방 등에 도움을 준다. 고지혈증, 허혈성 심장질환, 담석증의 예방에도 도움이 된다.

4) 불용성 식이섬유는 대변의 용적을 늘려 준다. 또 대장의 움직임을 촉진시켜 대변이 대장에 도달하는 시간을 짧게 해 배변량을 늘려준다. 즉, 변비를 예방하고 대장암을 예방하는 데 좋

다. 실제 식이섬유를 중심으로 식사를 하면 일주일에 1.4회 정도 배변 횟수가 늘어나고, 대변이 부드러워지며, 변비로 인한 복통까지 줄어든다.

5)너무 많이 섭취한 식이섬유는 무기질의 체내 흡수를 저해해 영양소 결핍의 원인이 된다. 식이섬유를 보충제 형태의 제품으로 섭취할 때도 과도한 양을 먹지 않도록 주의해야 한다. 한국인 영양 섭취 기준(2010년)에 따르면 20대 이후 성인의 경우 하루에 남자는 25g, 여자는 20g이 적당한 섭취량이다. 이는 통밀빵 15~20조각, 사과 7~10개 정도에 해당되는 양이다.

미국 조지아헬스사이언스 대학 연구팀은 14~18세 청소년 559명을 대상으로 조사했다. 이 연구 결과는 〈임상내분비대사학 저널〉(2012년 6월호)에 발표되었다.

1) 청소년기의 충분한 섬유질 섭취가 심혈관 질환과 당뇨병 발병 위험을 높이는 주된 위험인자를 낮추는 것으로 나타났다.

2) 청소년기 동안 충분한 섬유질을 섭취하지 않는 사람들이 복부비만 위험이 높고 혈중 염증인자가 높을 위험이 컸다.

3) 청소년기에 섬유질을 적게 섭취하는 사람들이 복강 내의 주된 장기 내와 장기 주변에 내장지방이 더 많은 것으로 나타났다.

4) 사이토카인이라는 면역세포 같은 염증 인자가 더 높고 반대로 당분 조절을 돕고 염증을 줄이는 지방에 의해 분비되는 단백질인 아디포넥틴은 낮았다.

5) 섬유질이 어떻게 건강에 이롭지 않은 결과를 예방하는지 정확한 기전은 알 수 없지만 아마도 섬유질이 인슐린 감수성을 줄여 내장지방의 축적을 막고, 포만감을 높여 음식과 칼로리 섭취량을 줄이는 것으로 추정된다. 청소년들은 충분한 과일과 채소 및 전곡류를 섭취해야 한다.

참조: 찰스 매케이(Charles Mackay) 박사가 이끄는 호주 가번 의학 연구소(Garvan Insitute of Medical Research) 연구팀은 비만한 사람들을 3그룹으로 나누어 각각 식이섬유를 많이, 보통, 적게 섭취하게 했다. 이 연구 결과는 영국 과학 전문지 〈네이처(Nature)〉(2009년 10월호)에 발표되었으며, 〈AFP통신〉에 2009년 10월 28일 보도되었다.

1) 불용성 식이섬유가 대장에서 장(腸)박테리아에 의해 단쇄(short-chain)지방산으로 전환되고 이것이 면역체계로 하여금 염증을 억제하게 한다.

2) 면역세포가 만드는 특정 분자(GPR43)가 이 단쇄지방산과 결합해 항염증 수용체로서의 기능을 수행하게 된다.

3) 식이섬유를 많이 섭취하면 천식, 류머티스관절염, 궤양성대장염 같은 자가면역질환에서 나타나는 염증을 억제할 수 있다.

4) 식이섬유 섭취량과 단쇄지방산의 수치 사이에 직접적인 연관 관계가 있는 것으로 확인되었다.

5) 섭취하는 음식의 종류가 면역체계의 활동에 매우 중요한 영향을 미친다.

6) 우리가 먹는 음식을 바꾸면 장박테리아가 바뀌고 그에 따라 단쇄지방산도 영향을 받으며, 장박테리아가 만들어 내는 부산물도 바뀐다. 이것이 다시 면역체계 활동에 영향을 미친다.

7) 식이섬유 섭취량이 적으면 단쇄지방산도 줄어들고 면역체계의 염증 억제력도 감소한다.

8) 사람들의 식습관이 서구화되면서 식이섬유를 덜 먹게 되고 이 때문에 면역체계에 이상을 일으켰다. 면역체계가 자체 조직을 공격하는 천식, 류머티스관절염, 1형 당뇨병, 궤양성대장염 같은 자가면역질환 발생률도 증가하고 있다.

참조: 그리고리 프로인드(Gregory Freund) 교수가 이끄는 미국 일리노이대 의과대학 연구팀은 쥐들을 두 그룹으로 나누어 같은 저지방 먹이를 주되 한 그룹은 수용성 식이섬유, 또 한 그룹은 불용성(insoluble) 식이섬유가 함유된 먹이를 6주 동안 먹게 했다. 그런 다음 체내에 박테리아 감염과 유사한 상황을 일으키는 물질(지질다당체: lipopolysaccharide)을 주입하여 질병을 유발시켜 보았다. 이 연구 결과는 과학 전문지 〈뇌·행동·면역(Brain, Behavior and Immunity)〉(2010년 5월호)에 발표되었으며, 과학 웹진 〈사이언스 데일리〉에 2010년 3월 17일 보도되었다.

1) 수용성 식이섬유는 면역세포의 성격을 염증을 유발하는 공격적인 세포의 감염으로부터 빠른 회복을 돕는 항염증성 세포로 변화시켰다. 그 이유는 수용성 식이섬유가 인터류킨-4라는 항염증 단백질 생산을 증가시키기 때문이다.

2) 수용성 식이섬유 그룹은 불용성 식이섬유 그룹에 비해 절반만이 질병이 발생했고 회복도 50% 빨랐다. 이는 불과 6주 만에 수용성 식이섬유를 먹은 쥐들의 면역체계에 매우 긍정적인 변화가 일어났음을 보여주는 것이다.

11
프로바이오틱스를 섭취해야

　프로바이오틱스란 100여 종의 일반 유산균 중 건강에 좋은 유산균만을 따로 지칭하는 용어로 젖산균, 비피더스균 등이 이에 해당하며, 주로 요구르트, 치츠, 김치 같은 발효식품에 포함돼 있다. 의학계는 그동안 프로바이오틱스는 장내 유해 세균을 억제하고 혈중 콜레스테롤을 감소시켜 면역 증진, 항암뿐만 아니라 간 기능 개선에도 효과가 있는 것으로 보았다.

　존 모턴 교수가 이끄는 미국 스탠퍼드대 의과대학 연구팀은 위 절제술을 받은 고도비만 환자에게 프로바이오틱스를 섭취하게 했다. 연구팀은 식도와 위를 분리한 뒤 위를 일부분만 남긴 채 소장과 연결하는 뤽상(Roux-en-Y) 수술을 받게 될 고도비만 환자 44명의 몸무게와 혈당지수 등을 먼저 측정했다. 연구팀은 수술이 끝난 뒤 환자 절반에게 6개월 동안 매일 24억여 개의 젖산균이 들어 있는 프로바이오틱스를 섭취하게 했다. 이 연구 결과는 2008년 5월 17~22일 미국 샌디에이고에서 열린 '소화기 질병 주간(Digestive Disease Week) 2008년 학술대회'에서 발표되었으며, 건강 웹진 〈헬스데이〉에 2008년 5월 23일 보도되었다.

1) 장 기능 개선에 효과가 있다고 알려진 젖산균이나 비피더스 등의 '프로바이오틱스'가 위 건강에도 도움을 주고 또 위 기능을 향상시켜 체중 감량에 도움을 줬다.

2) 프로바이오틱스를 섭취한 그룹의 70%가 비만에서 벗어났다.

3) 프로바이오틱스를 섭취한 그룹의 혈압은 정상으로 돌아왔고 혈당수치도 낮아졌으며 몸에

좋은 HDL 콜레스테롤은 더 많아졌다.

4) 수소호흡 검사 결과 수소량은 낮아졌는데, 수소량이 감소한 것은 유당을 소화시킬 수 없는 상태인 유당불내성이 호전됐다는 의미다.

5) 프로바이오틱스를 섭취하지 않은 다른 절반의 그룹은 66%만이 체중 감량에 성공했다.

6) 프로바이오틱스가 소화를 도와 속이 더부룩한 증상을 개선시키며, 세균으로부터 위를 보호하는 등 위 기능 개선에 효과가 있다.

7) 프로바이오틱스는 위 건강 개선에 도움을 줌으로써 위절제술을 받은 고도비만 환자가 체중 감량에 성공하는 데 보탬이 됐다.

미국 메이요클리닉 연구팀은 미국 미네소타 주 옴스테드 카운티에 거주하는 남녀 97명의 자료를 분석하면서, 비만을 막기 위해 '위절제술(bariatric surgery: 위나 소장 일부를 잘라내 음식 섭취량을 줄여 체중을 줄이는 수술)'을 받은 이들의 골절률을 비교해 보았다. 이 연구 결과는 다음과 같았다.

1) 7년이 지난 후 21명에게서 뼈 골절이 일어났다.

2) 위절제술을 받은 사람들이 2배나 더 뼈 골절이 많이 일어난 것으로 나타났다.

3) 발 골절 위험도는 4배나 더 높았다.

일부 전문가들의 한마디.

"위절제술이 뼈를 튼튼하게 해주는 칼슘 흡수의 불량 상태를 유발시키는 것 같다. 또는 비타민D 부족으로 인한 것일지도 모른다. 어쨌든 위절제술 이후 800mg의 비타민D나 1,200mg의 칼슘을 매일 섭취하는 것이 좋다."

키르시 라이티넨 교수가 이끄는 핀란드 투르크 대학 영양학과 연구팀은 임신부 256명을 대상으로 유산균 약이 복부지방이 많아 몸 가운데가 불룩한 '중심형 비만' 해소에 효과가 있는지를 실험했다. 연구팀은 실험 대상자들을 3그룹으로 나눠 A그룹은 체중 유지와

태아 발달에 좋은 음식들로 짜여진 식단을 제공하면서 동시에 유산균 약을 복용하게 했다. B그룹에게는 동일한 식단이지만 유산균 약 대신 가짜 약을 주었다. C그룹에게는 알아서 식사를 하도록 하고 가짜 약만 줬다. 실험 기간은 임신 3개월부터 출산 뒤 집중적인 모유 수유가 끝나는 산후 6개월까지였다. 실험의 시작과 마지막에는 임신부들의 몸무게와 허릿살의 접히는 정도, 그리고 허리둘레를 측정했다. 이 연구 결과는 2009년 5월 7일에 열린 '유럽 비만 학술 대회(European Congress on Obesity)'에서 발표되었으며, 미국 과학 논문 소개 사이트 〈유레칼러트〉, 영국 일간지 〈타임즈〉 온라인판 등에 2009년 5월 7일 보도되었다.

1) 마지막 측정 결과 '중심형 비만' 산모의 비율은 A그룹에서 25%, B그룹에서 43%, C그룹에서 40%로, 유산균 약이 효과를 발휘한 것으로 나타났다.

2) 평균 복부지방 비율 역시 그룹별로 28%, 29%, 30%여서 유산균 약을 복용한 첫 그룹의 복부지방이 가장 적었다.

3) 출산 여성이 유산균을 먹으면 복부비만을 줄이는 데 효과를 볼 수 있는 것으로 나타났다. 이는 유산균이 장내 세균의 균형을 맞춰 비만 해소에 기여하기 때문이다.

베일러 대학 연구팀은 장내 세균이 비만과 염증을 조절하는 유전자를 조절할 수 있는지에 대해 조사했다. 이 연구 결과는 〈FASEB 저널〉(2011년 1월호)에 발표되었다.

1) 장내 세균이 기대했던 것 이상으로 체중을 줄이고 위장관 장애를 예방하는 데 중요한 역할을 할 수 있는 것으로 나타났다.

2) 장내 잔유 세균을 인지하는 데 포유동물이 사용하는 Toll-like receptor2(TLR2)의 결핍이 장내 세균 변화를 유발하는 것으로 나타났다.

3) 과거 연구 결과에 의하면 TLR2 결핍이 비만을 예방하는 효과가 있는 반면 과도한 염증 같은 위장장애를 자극하는 것으로 나타났는데, 이번 연구 결과 TLR2 발현을 조절하는 유전자들이 위장관 건강과 체중 조절에 매우 중요한 역할을 하는 것으로 나타났다.

내 몸에 꼭 맞는 다이어트
제2권 비만 탈출

츠지모토 고조 교수가 이끄는 일본 쿄토대 대학원 약학과 연구팀은 유전자 변형 쥐를 이용하여 실험했다. 이 연구 결과는 2011년 4월 25일 〈미국 과학아카데미(PNSA)〉에 발표되었다.

1) 좋은 장내 세균에 의해 만들어지는 단쇄지방산(short-chain fatty acids)이 교감신경에 있는 GPR41이라는 수용체를 활성화시켜, 음식 섭취 후 에너지가 과잉됐을 경우 GPR41이 교감신경을 자극하여 에너지 소비를 증대시킨다.
2) 매우 허기진 상태에서는 케톤체라는 물질이 간에서 합성되어 케톤체가 GPR41을 통해 교감신경을 억제해 에너지 소비를 감소시킨다.
3) 식이섬유가 많은 야채, 요구르트, 유산균 음료의 섭취가 몸에 좋다는 사실이 증명됐다. 이는 비만과 당뇨병 치료제 등의 개발로 이어질 수도 있을 것이다.

룬드 대학 연구팀은 쥐를 대상으로 'Lactobacillus plantarum HEAL19'라는 특정 젖산균(당류를 분해하여 젖산을 만드는 세균을 통틀어 이르는 말)을 매일 섭취하게 한 뒤 관찰했다. 이 연구 결과는 〈영국 영양학 저널〉(2011년 5월호)에 발표되었다.

1) 체내 해로운 장내 세균이 비만을 유발할 수 있듯이, 체내 이로운 장내 세균은 비만 위험을 줄일 수 있는 것으로 나타났다.
2) 'Lactobacillus plantarum HEAL19'라는 특정 젖산균을 매일 섭취하는 것이 비만을 예방하고 체내 저강도 염증을 줄일 수 있는 것으로 나타났다.
3) 뱃속에서부터 다 자란 후까지 특정 젖산균이 투여된 쥐의 경우 다른 쥐들에 비해 현저하게 체중이 덜 나가는 것으로 나타났다.
4) 젖산균이 투여된 쥐의 경우 장내에서 자연 발생하는 세균 구성이 더 건강하고 풍부한 것으로 나타났다.
5) 마시는 물속 염증을 유발하는 대장균을 투여한 쥐의 경우 장내 좋은 세균이 줄어들고 체지방이 늘어나는 것으로 나타났다.

룬드 대학 연구팀은 정상 분만으로 출생한 79명의 아이들을 대상으로 생후 첫 변을 검사했다. 이 연구 결과는 2011년 5월 언론에 보도되었다.

1) 정상 분만으로 태어난 아이들의 장내에 이로운 세균이 존재하는 것으로 나타났다.

2) 정상적인 태아 환경은 무균 환경이어서 장내에 어떤 균도 없어야 하지만 정상 분만 중 엄마의 질 내에 존재하는 젖산균을 아이가 삼켜, 태어나자마자 장내에 이로운 젖산균이 존재하게 된다.

3) 생후 초기부터 장내에 존재하는 몸에 이로운 균이 향후 아이들의 건강에 매우 중요한 영향을 미칠 수 있다.

독일 테크니컬 대학 교수로 재직하다 한동대학으로 옮긴 빌헬름 홀자펠 교수는 40여 년간 유산균만 연구해 왔고, SCI급 학술지에 300여 편의 관련 논문을 발표한 바 있다. 그가 이끄는 한동대학 생명과학부 연구팀은 쥐를 이용한 동물 실험과 산모·아기를 추적 조사했다. 특히 LGG 유산균을 섭취하게 한 뒤 관찰했다. 이 연구 결과는 2012년 5월 14일에 언론에 보도되었다.

1) 유산균이 과(過)체중 아이들의 비만을 억제한다고 입증되었다.

2) LGG 유산균 섭취로 인한 장내 세균들의 세력 변화(유익균의 점유율이 유해균보다 훨씬 많아짐)가 비만 억제라는 긍정적인 효과를 주었다.

참조: 엠마 마르샨 교수와 에르키 사빌라티 교수가 이끄는 핀란드 헬싱키 대학 연구팀은 자신이나 남편에게 알레르기가 있는 임산부 1,223명을 관찰했다. 임산부들은 두 그룹으로 나뉘어 임신 8개월부터 각각 프로바이오틱 성분의 정제와 가짜 약을 섭취했다. 연구진은 중도 탈락한 임산부를 제외하고 이들에게서 태어난 925명의 자녀에게도 생후 6개월부터 프로바이오틱과 가짜 약을 먹였다. 아이들은 생후 3, 6, 24개월에 알레르기 검사를 받았다. 또 아이들 중 무작위로 선택된 98명은 생후 6개월에 혈액 검사를 받았다. 이 연구 결과는 〈임상 및 실험 알레르기(Clinical and Experimental Allergy)〉(2008년 4월호)에 발표되었으며, 2008년 4월 26일 언론에 보도되었다.

1) 발효식품에 듬뿍 들어 있는 '프로바이오틱 박테리아(대장에서 항생물질의 작용을 돕는 비피더스균, 유산균 등 몸에 좋은 박테리아를 아우르는 말)'가 산모와 아이의 면역시스템을 증강시키고 알레르기를 예방한다. 알레르기는 일부 유전이 되기 때문에, 알레르기가 있는 부모의 자녀가 알레르기 환자가 될 가능성은 그렇지 않은 아이보다 더 높다.

2) '프로바이오틱 박테리아'는 김치를 비롯해 된장이나 요구르트, 치즈 등 발효식품에 풍부한 세균인데, 이 세균이 알레르기 질환을 예방한다는 사실이 밝혀졌다.

3) '프로바이오틱 박테리아'를 섭취한 아이들은 조직염증반응과 관련있는 단백질 수치가 50% 정도 더 높았다. 이 단백질은 염증반응을 촉진시켜 알레르기 반응을 줄이는 역할을 한다.

4) '프로바이오틱 박테리아'를 섭취한 아이들은 가짜 약을 먹은 아이보다 아토피 피부염이 30% 적었다.

5) 염증반응은 알레르기 예방과 밀접하게 연결돼 있기 때문에 아이의 면역체계를 자극시키는 것은 빠르면 빠를수록 좋다.

참조: 미국 샌디에이고 소재 캘리포니아 주립대학(UCSD) 면역학자인 안토니 호너 교수의 한마디.

"현대 사회에서 박테리아가 적어지기 때문에 알레르기가 증가한다. 박테리아로 가득찬 음식이 만성적인 면역 반응을 일으키며 알레르기를 감소시킨다. 박테리아에 노출되지 않으면 면역시스템은 제대로 작동할 수가 없고, 알레르기가 쉽게 생긴다. 프로바이오틱 박테리아를 섭취하면 살균, 소독되지 않은 음식물을 섭취하는 것과 같은 기능을 한다."

참조: 미국 로스앤젤레스 소재 캘리포니아 주립대학(UCLA) 알레르기 학자인 로저 카츠 교수의 한마디.

"집안에 알레르기 환자가 있는 가족에게 좋은 소식이다. 이번 연구는 알레르기 유전자를 가진 사람도 상태가 악화되는 것을 줄이는 여러 노력을 할 수 있다는 것을 뜻한다."

참조: 광주과학기술원 임신혁 교수는 유산균을 통한 면역 조절에

대해 조사했다. 이 연구 결과는 세계김치문화축제의 붐을 조성하기 위한 사전 행사로 2011년 9월 16일 서울에서 열린 제3회 국제김치컨퍼런스에서 발표되었다.

1) 새로운 균주 선별 시스템으로 김치 유산균이 면역 조절 T세포를 증가시켜 면역 조절에 관여한다는 사실을 확인했다.

2) 유산균 투여는 염증성 장질환, 아토피 피부염, 류마티스 관절염과 같은 다양한 면역질환에 강력한 면역 조절 효과가 있다.

3) 면역 조절 수지상 세포와 면역 조절 T세포의 분화를 증진시키는 유산균의 투여가 염증성 면역질환의 치료에 응용될 수 있다는 가능성을 제시하고 있다.

박덕은 박사의 건강 상식 · 11
위 건강에 도움을 주고 또 위 기능을 향상시켜 체중 감량에 도움을 주는 프로바이틱스를 섭취하자.

12
프락토올리고당을 섭취해야

이복희 교수가 이끄는 중앙대학 식품영양학과 연구팀은 2010년 6월 한 달간 20대 남녀 102명(1차 51명, 2차 51명)을 대상으로 프락토올리고당(바나나, 양파, 아스파라거스, 우엉, 마늘, 벌꿀, 치커리 뿌리 등과 같은 채소나 버섯, 과일류 등에 포함돼 있는 소당류의 일종으로, 설탕 대체재로 각광받고 있는 감미료) 섭취 유무와 섭취 농도, 섭취 기간에 따른 신체 변화를 조사했다. 연구팀은 참가자들을 실험 기간에 따라 2주(1차 팀), 4주(2차 팀)로 나누어 프락토올리고당을 식전에 하루 2회씩 섭취하게 했다. 1차 실험 참가자들은 5개 실험군으로 나뉘어졌다. 각각의 실험군은 합성감미료 아스파탐, 설탕, 프락토올리고당 저함유, 프락토올리고당 고함유, 프락토올리고당 저함유와 병행한 우유를 섭취했다. 2차 실험 참가자들도 4개 실험군으로 나뉘어졌다. 실험군은 아스파탐, 설탕, 프락토올리고당 저함유, 프락토올리고당 고함유를 각각 하루 2회씩 일상식과 병행해 섭취했다. 연구팀은 체중 관련 지표 및 혈액 내 중성지방 등의 혈중지질 관련 지표 등의 변화를 비교했다. 식생활과 운동, 일상생활 등은 실험 전과 모두 동일하게 유지하도록 했다. 이 연구 결과는 2010년 9월 9일 언론에 보도되었다.

1) 프락토올리고당을 섭취한 참가자들에게서 체중 감소와 체지방률 감소, 근육량 증가 효과를 확인했다.

2) 프락토올리고당을 섭취한 실험군은 모두 체중과 체지방 개선에 효과가 있었다.

3) 4주간 꾸준하게 프락토올리고당을 고함유로 섭취한 실험군은 0.44kg의 체중 감소를 보여

가장 높은 수치를 기록했고, 체지방률 감소 효과도 있었다.

4) 4주간 저함유로 프락토올리고당을 섭취한 실험군이 2.81%의 체지방률 감소를 나타내 가장 큰 효과를 보았다.

5) 2주간 고함유로 프락토올리고당을 먹은 실험군이 그 뒤를 이어 1.94%의 체지방률 감소가 있었다.

6) 아스파탐과 설탕을 먹은 실험군은 모두 체중이 증가했다.

7) 실험군은 평균 0.46kg의 근육량 증가를 기록했다.

8) 우유와 함께 프락토올리고당을 섭취할 경우 근육량 증가 효과가 더 컸다.

9) 프락토올리고당을 섭취하면 체중 및 체지방률 감소, 혈액 내 중성지방 농도를 개선시킨다. 혈중 칼슘 흡수의 촉진 작용에 의한 혈중 칼슘 농도의 증가로 뼈 건강에 긍정적인 영향을 준다.

10) 2주와 4주의 비교 실험에서 4주차 실험 결과가 더 좋은 것으로 보아 프락토올리고당을 꾸준히 섭취하는 것이 더 효과가 크다.

11) 프락토올리고당은 설탕 60% 정도의 칼로리와 감미도를 가지고 있으며 장을 건강하게 하고 칼슘 흡수를 돕는다.

박덕은 박사의 건강 상식 · 12
체중과 체지방 개선에 효과가 있는 프락토올리고당을 섭취하자.

내 몸에 꼭 맞는 다이어트
제2권 비만 탈출

13
키토산 올리고당을 섭취해야

　윤종원 교수(생명공학과)가 이끄는 대구대학 연구팀은 게와 새우 등에 다량 함유돼 있는 키토산을 가수분해해 생산되는 키토산 올리고당의 효능에 대해 연구했다. 이 연구 결과는 단백체 분야의 세계적인 학술지인 〈프로테오믹스(Proteomics)〉(2008년 1월호) 온라인판에 '키토산 올리고당에 의한 비만세포 분화 억제 과정의 단백체(세포 내의 단백질의 총합) 분석'이라는 논문으로 발표되었으며, 2008년 1월 24일 언론에 보도되었다.

1) 비만세포와 비만 쥐를 이용한 동물 실험에서 강력한 비만 억제 효과가 있다는 것을 밝혔다.

2) 키토산 올리고당을 지방세포로 성장하는 지방전구세포(3T3-L1)에 투여했을 경우 지방세포로의 분화가 80% 이상 억제됐을 뿐 아니라 비만과 당뇨를 동시에 갖고 있는 실험용 쥐에 투여했을 경우에도 체중 증가 및 혈당 상승이 현저히 줄어드는 것으로 나타났다.

3) 이 현상을 분자 수준에서 규명하기 위해 키토산 올리고당 투여 전후의 지방세포의 모든 단백질을 분석했다.

4) 5종의 단백질이 증가하고 16종의 단백질의 생성이 크게 억제되는 등 총 21가지의 지방세포 단백질을 발견했다.

5) 키토산 올리고당이 체중 증가 및 혈당 증가를 30% 이상 억제한다는 것을 입증함에 따라 비만 예방 및 치료제 개발에 많은 효과를 가져 올 것이다.

박덕은 박사의 건강 상식 · 13
체중 증가 및 혈당 증가를 억제하는 키토산 올리고당을 섭취하자.

14
CLA 성분을 섭취해야

2001년 스웨덴 웁살라대 의과대학 연구팀의 연구 결과.

"CLA 성분이 대사증후군이 있는 중년 비만 남성의 복부지방세포를 감소시키고 기초대사량을 늘리는 데 효과가 있었다."

한 연구팀은 18~65세 남녀 180명을 두 그룹으로 나눠 한 그룹은 CLA를, 다른 그룹은 올리브 오일을 매일 4.5g(2티스푼 정도) 섭취하게 했다. 6, 9, 12개월이 지난 후 체지방을 측정했다. 이 연구 결과는 2004년 미국 〈비만의학지〉에 발표되었다.

1) 올리브 오일을 섭취한 그룹은 체지방이 약 2% 증가했다.
2) CLA를 섭취한 그룹은 약 7%의 체지방이 감소했다.

노르웨이 스칸디나비아 임상연구소 연구팀의 연구 결과.

"피험자들에게 음식 섭취 등의 다른 조건들은 평소대로 하게 하고 CLA는 1년 동안 3,400mg씩 매일 섭취하게 했더니 평균적으로 약 9%의 체지방이 감소했다."

앤드루 프로터 교수와 비샬 제인 대학원생이 이끄는 미국 아칸소 농업대학 연구팀은 다음과 같은 연구 결과를 2007년 1월 3일 발표했다.

1) 콩기름의 분자 구조를 바꿔 건강에 좋은 트랜스지방을 만들었다.

2) 공액리놀레산(CLA: Conjugated Linoleic Acid: 지방세포에서 지방산 유리를 제한시키고 지방의 산화를 촉진시켜 체지방 축적을 억제하고 체지방 감소에 도움을 주는 불포화 지방산의 일종)이 포함된 콩기름을 만들었는데, CLA는 면역계를 강화하고 암이나 당뇨병의 발병 위험을 줄이는 데 도움이 된다.

3) CLA가 많이 들어 있는 음식을 먹으면 체지방과 허리둘레가 줄어들었다.

4) CLA가 포함된 새로운 콩기름이 액체 상태인 식물성 지방을 고체 지방으로 만들 때 생기는 해로운 트랜스지방이 아닌 건강에 도움이 되는 트랜스지방을 만든다.

5) CLA가 포함된 콩기름으로 감자칩을 만들면 비만을 일으키지도 않는다.

6) 아직도 지방이 적은 음식을 먹는 것이 중요하며 우리는 지방 섭취를 늘리라고 권하지는 않지만, 앞으로는 몸에 이로운 CLA가 많이 들어 있는 포테이토칩을 시장에서 구입해 먹을 수 있게 될 것이다.

7) 앞으로 CLA가 듬뿍 들어 있어 비만 걱정 없이 먹을 수 있는 대중적인 식품을 만들 것이다. 건강에 좋은 감자칩에 이어 CLA가 많은 샐러드 오일과 드레싱도 만들 예정이다.

박덕은 박사의 건강 상식 · 14

체지방과 허리둘레를 줄이도록 CLA가 많이 들어 있는 음식을 먹자.

15
홍화씨 오일을 섭취해야

오하이오 주립대학 연구팀은 다음과 같은 연구 결과를 미국 〈임상영양학 저널〉(2011년 8월호)에 발표하였다.

1) 공액리놀레산(Conjugated linoleic acid, CLA) 또는 홍화씨 오일(Safflower Oil)을 섭취하면 당뇨병을 앓는 고령 여성이 체중을 줄이는 데 효과적이었다.

2) 홍화씨 오일 보충제를 16주간 섭취하는 것만으로도 체중이 약 0.9kg 줄고 흉부 지방이 1.8kg 감소한 것으로 나타났다.

3) 폐경기 여성들이 흔히 겪는 근력 소실 역시 CLA와 홍화씨 오일 같은 보충제 섭취로 개선될 수 있었다.

박덕은 박사의 건강 상식 · 15
당뇨병을 앓는 고령 여성의 체중을 줄이는 데 효과적인 홍화씨 오일을 섭취하자.

16
항산화제가 풍부한 식품을 먹어야

산소 다이어트를 소개한 미국의 영양학자 케리 글라스만(Keri Glassman)은 다음과 같이 주장했다.

1) 활성산소를 없애는 항산화제(Antioxidants)가 풍부한 식품을 일정량 이상 섭취하는 것만으로도 체중 감량의 효과를 볼 수 있다.
2) 항산화 능력을 평가하는 'ORAC(oxygen radical absorbance capacity) 수치'를 하루 3만 점 이상 섭취하면 좋다.
3) 활성산소를 없애는 것은 비만 관리뿐만 아니라 건강 관리에서도 매우 중요하다. 풍부한 항산화 식품과 함께 충분한 수면과 적절한 운동도 중요하다.
4) 채소는 먹고 싶은 만큼 먹어도 되지만 과일, 단백질, 탄수화물, 지방 식품은 조절하면서 섭취해야 한다. 이 조절이 실패할 경우 오히려 체중이 늘어나는 부작용이 생길 수 있다.
5) 항산화 식품 섭취와 함께 충분한 수면, 적절한 스트레스, 우울감 조절, 유산소 운동 등을 병행한다면 산소 다이어트 효과를 기대할 수 있을 것이다.

〈산소 다이어트 요령〉

1) 32일 동안 3단계로 진행한다.
2) 첫 번째 단계: 4일간 매일 'ORAC 수치' 5만 점 이상의 항산화 식품을 섭취하고 스트레칭, 하루 45분 걷기 등을 시행한다.
3) 두 번째 단계: 2주간 매일 'ORAC 수치' 3만 점 이상의 항산화 식품을 섭취한다.
4) 세 번째 단계: 'ORAC 수치' 3만 점 이상의 항산화 식품 섭취를 유지하되, 초콜릿이나 와인 등을 먹어도 된다.

〈'ORAC 수치' 높은 식품〉

식품	ORAC 수치
블루베리 1컵	9,700
딸기 1컵	5,400
사과 1개	4,700
오렌지 1개	3,000
고구마 1개(중간 크기)	2,400
익힌 브로콜리 반 컵	1,900
양파 1컵	1,600
감자 반 개(중간 크기)	1,600
익힌 시금치 반 컵	1,300
키위 1개	700
아몬드 10개	500
땅콩 15개	500
익힌 당근 반 컵	200
하루 권장 'ORAC 수치'=3만 점 이상	

참조: 〈항산화 영양소가 많이 들어 있는 식품〉

1) 과일, 견과류: 아싸이베리, 블루베리, 크렌베리, 블랙베리, 라스베리, 딸기, 석류, 구기자, 포도, 후지사과, 자두, 체리, 레몬, 호두, 피칸, 헤이즐넛 등.
2) 채소, 곡류: 아티초크, 브로콜리, 붉은색 양배추, 케일, 양파, 생강, 아스파라거스, 후추, 시금치, 당근, 검정콩, 완두콩, 대두, 시나몬 등.

박덕은 박사의 건강 상식 · 16

체중 감량을 위해 'ORAC 수치' 높은 식품(블루베리, 딸기, 사과 등)을 섭취하자.

17
몸에 좋은 음식을 먹어야

안 아스트럽 교수가 이끄는 덴마크 코펜하겐 대학 연구팀은 유럽인 1,330만 명을 대상으로 조사한 결과 북유럽 식단이 비만 예방과 건강 향상에 좋다는 결론을 냈다. 이 연구 결과는 영국 일간지 〈텔레그라프〉, 〈데일리메일〉 등에 2009년 3월 보도되었다.

다음은 북유럽 식단의 특징이다.

1) 생선, 순록고기, 블루베리, 유채기름, 배추류 등이 식단의 중심을 이루고 있다.

2) 식단에서 중요한 위치를 차지하는 연어, 송어, 대구, 청어 같은 생선은 양질의 오메가-3 지방산을 공급한다.

3) 블루베리, 카우베리, 클라우드베리 등의 베리류에도 생선만큼의 오메가-3 지방산이 들어 있으며, 항산화 성분도 풍부해 심장병, 뇌중풍, 암 위험을 줄인다.

4) 양배추와 케일, 싹눈양배추와 같은 배추류 역시 항산화 수치가 높고, 혈액응고 역할을 하는 비타민K의 좋은 공급원이다.

5) 유채기름에는 오메가-3 지방산과 비타민E가 풍부하다.

6) 엘크, 순록, 뇌조처럼 북유럽의 자연산 축산물 역시 사료를 먹여 키운 쇠고기보다 우수한 영양 공급원이다.

7) 스칸디나비아 지역의 비만 인구가 영국보다 40% 적은 것은 북유럽 식단의 영향 때문이다.

영국 캠브리지 대학 연구팀은 6개국 남녀 9만 명을 대상으로 이뤄진 '유럽 암과 영양 예측 연구'에서 조사 대상자들의 식생활과 생활습관을 10년간 관찰했다. 이 연구 결과는 〈미국 임상영양학 저널(American Journal of Clinical Nutrition)〉(2009년 12월호)에 발표되었으며, 미국 방송 〈ABC〉 온라인판에 2009년 12월 11일 보도되었다.

1) 지방을 맛있게 먹은 사람이라고 해서 살이 찌는 게 아닌 것으로 관찰됐다.

2) 불포화지방을 먹든, 포화지방을 먹든 이 또한 살이 찌는 것과 많은 연관이 없었다.

3) 오히려 지방에만 너무 많은 관심을 두는 것이 오히려 살을 더 찌게 만들었다.

4) 스트레스 때문에 결국에는 더 먹게 되거나 영양의 불균형으로 대사에 문제가 생겨 체중이 더 불었다.

5) 영양적으로 균형이 잡힌 식사를 규칙적으로 하는 것이야말로 체중을 유지하는 데 도움을 주는 것으로 나타났다.

6) 그렇다고 원하는 만큼의 지방을 맘껏 먹으라는 게 아니다. 하루에 섭취하는 열량의 20~35%쯤은 생선, 땅콩 등과 같은 몸에 좋은 지방을 선택하는 게 좋다.

7) 살이 더 찔까 봐 음식에 있는 지방의 칼로리를 따지는 것이 체중 조절에는 아무런 도움이 되지 않았다.

8) 골고루 먹고 적절하게 운동하는 게 건강한 체중을 유지하는 데 훨씬 효과적이다.

프랭크 후 교수와 다리우스 모카파리안 교수가 이끄는 미국 하버드 대학 보건대학원 연구팀은 1986~2006년 진행된 세 건의 대규모 연구 결과를 분석했다. 연구 대상자는 성인 남녀 12만 명인데, 이들 모두는 초기에 비만이나 만성병이 없는 건강한 상태였다. 이 연구 결과는 〈뉴잉글랜드 의학 저널(New England Journal of Medicine)〉 온라인판에 2011년 6월 24일 발표되었으며, 온라인 의학 전문지 〈메디컬뉴스투데이〉, 영국일간지 〈데일리메일〉 온라인판 등에 2011년 6월 24일 보도되었다.

1) 연구 대상자들은 4년을 주기로 평균 1.5kg씩 체중이 증가하여, 20년 동안 거의 7.6kg 정도 늘었다.

2) 특정 음식을 매일 제공한 결과 4년마다 체중에 큰 수치 변화를 일으켰다.

3) 그 가운데 포테이토칩이나 정제된 흰 곡물류를 자주 먹거나 당분이 많이 포함된 음료와 술을 매일 마신 사람들은 살이 더 많이 쪘다. 감자칩은 0.76kg의 무게를 더했고, 설탕이 든 음료는 0.45kg이 늘어나게 했다.

4) 음식 중에는 실제로 피험자들이 많이 먹었는데도 불구하고 몸무게가 감소된 것도 있었다. 견과류(4년에 300g 감소), 채소(4년에 90g 감소), 통곡물(4년에 166g 감소), 과일(4년에 220g

감소) 등이 그런 음식들이었다.

5) 과일, 채소, 요거트, 너트류, 통곡류 등 천연식품을 주로 먹은 사람들은 체중 증가량이 적었다.

6) 신체 활동도 체중을 감소시키는 효과가 있었다. 하지만 알코올은 마실 때마다 190g의 비율로 체중을 늘어나게 했다.

7) 평소 체중에 민감한 사람들은 달콤한 음료, 흰 빵이나 섬유질이 적은 시리얼 등의 정제된 곡물이나 가공 처리된 식품 등을 먹지 말고, 과일, 채소, 통곡물, 견과류와 요구르트 등 좀더 자연적인 음식들을 먹도록 해야 한다.

8) 체중 증가와 비만을 예방하려면 음식 선택이 그만큼 중요하다.

9) 적정한 시간의 수면을 취하는 것도 건강한 체중을 유지하는 데 도움이 된다. 하루에 6~8시간 자는 사람들은 6시간 이하나 8시간 이상 자는 사람들보다 체중 증가가 덜하다.

10) 성인은 평균적으로 해마다 45g씩 몸이 불어났다. 이처럼 체중 증가는 매우 점진적으로 오랜 시간에 걸쳐 일어나므로 과학자나 개인은 모두 원인이 되는 특정 요소를 찾아내기가 어렵다. 따라서 사소한 식습관이나 생활양식 변화가 함께 어우러져야 체중 증가를 예방할 수 있다.

11) 몸에 좋은 음식을 먹는 쪽으로 생활습관을 조금만 고쳐도 시간이 흐르면 큰 차이가 생긴다.

12) 다이어트에 성공해 날씬한 몸매를 유지하기 위해서는 얼마나 먹느냐보다 어떤 것을 먹느냐가 더 중요하다.

박덕은 박사의 건강 상식 · 17
식습관을 조금만 고치면 비만을 예방할 수 있다.

18
견과류를 먹어야

미국 농무부 농업연구소 연구팀은 10살에서 14살 사이의 비만이 있거나 비만 우려가 있는 어린이 60명에게 땅콩과 과일, 채소류를 함께 섭취하게 한 뒤 3개월 뒤 측정해 보았다. 이 연구 결과는 2008년 1월 15일 언론에 보도되었다.

1) 어린이들의 체중은 줄어들었고 감소된 체중은 6개월이 지났을 때까지도 유지된 것으로 나타났다.

2) 땅콩이 체중 감량에 효과가 있다.

리처드 매티스(Richard Mattes) 교수가 이끄는 미국 퍼듀 대학(Purdue University) 연구팀은 과체중 여성 20명에게 10주 동안 하루 300kcal의 아몬드를 간식으로 먹게 했다. 연구 결과는 다음과 같았다.

1) 아몬드를 섭취하면 포만감을 주어 체중 관리에 중요한 역할을 할 수 있는 것으로 나타났다.

2) 일반적으로 사람들은 견과류가 칼로리가 높고 지방이 함유돼 먹으면 살찐다고 생각하지만 실제로는 견과류가 체중 관리를 돕는다.

3) 과체중 여성 20명에게 10주 동안 하루 300kcal의 아몬드를 간식으로 먹게 했는데도 체중이나 체질량 지수(BMI)가 전혀 증가하지 않았다.

4) 아몬드를 먹으면 포만감이 생겨 자연적으로 다른 음식물을 통한 칼로리 섭취가 줄게 되고, 이는 체중 관리에 도움이 된다.

5) 아몬드를 먹으면 소화기관 내에서 지방의 흡수를 막기 때문에 몸에 흡수되는 칼로리가 적었다.

크리스티나 안드리아 라큐바 교수가 이끄는 스페인 바르셀로나 대학 연구팀은 과도한 복부지방, 고혈압, 고혈당 증상의 대사중후군 환자 42명에게 12주간 두 가지 식단을 제공했다. 22명에게는 견과류가 풍부한 식사를, 20명에게는 견과류가 없는 식사를 제공한 뒤 소변 내의 화학물질을 분석했다. 이 연구 결과는 영국 일간지 〈데일리메일〉에 2011년 11월 4일 보도되었다.

1) 견과류 섞은 것을 하루 30g씩 먹은 환자는 그렇지 않은 환자에 비해 세로토닌 수치가 높은 것으로 나타났다.
2) 매일 땅콩, 호두, 아몬드, 헤즐넛 등을 먹으면 건강에 긍정적인 효과를 얻을 수 있다.
3) 세로토닌의 증가와 견과류가 연관이 있다는 것을 처음 발견했다.
4) 견과류가 식욕을 억제하고 행복감을 높여 주며, 심장 건강을 개선시키는 세로토닌과 연관이 있다는 것을 처음으로 발견했다.

〈프로테옴〉 연구 저널에 발표된 보고서의 한마디.

"견과류는 복부지방과 높은 혈당, 고혈압에 의한 신진대사중후군을 갖고 있는 환자에게 도움이 된다. 또한 몸에 좋은 지방과 산화억제제를 포함하고 있어 고도비만, 당뇨병, 심장병에도 효과가 있다."

미국 캘리포니아 대학 연구팀은 52명의 과체중과 비만자를 대상으로 12주 동안 500kcal가 부족한 식사와 함께 피스타치오(75개, 240kcal)와 프레즐(220kcal)을 각각 제공했다. 이 연구 결과는 〈The New England Journal of Medicine〉, 〈미국 당뇨병 학회 저널(Journal of the American Dietetic Association)〉, 〈영국 영양학 저널(British Journal of Nutrition)〉 등에 2012년 3월 발표되었다.

1) 피스타치오가 다이어트 식품으로 적합하다.
2) 피스타치오를 먹은 사람은 더 수월하게 체질량 지수(BMI)를 낮출 수 있었다.

3) 한줌 정도의 피스타치오는 생각보다 칼로리가 낮고 껍질을 까면서 먹기에 많이 먹지 않아 비만 예방에 도움이 된다.

견과류를 섭취하는 사람은 그렇지 않은 사람에 비해 '과체중이나 비만의 위험이 약 22%, 복부비만의 위험이 약 17% 낮다'는 연구 결과를 내놓은 바 있는, 캐롤 오닐 교수가 이끄는 미국 루이지애나대학 연구팀은 남녀 13,292명을 대상으로 1999~2004년 5년간의 건강 관련 기록을 살펴보면서 식습관과 건강 상태의 연관관계를 조사했다. 이 연구 결과는 미국 〈영양학회 저널(Journal of the American College of Nutrition)〉(2012년 4월호)에 발표되었으며, 〈메디컬뉴스투데이〉에 2012년 4월 15일 보도되었다.

1) 견과류 섭취가 복부비만, 고혈압, 낮은 HDL-C 수치 및 당뇨병 등 4종류의 신진대사 장애(심장병, 뇌졸중 및 당뇨병 위험을 증가시키는 위험 요인을 가질 때 나타남) 유병률을 낮추는 것으로 나타났다.
2) 견과류인 아몬드, 브라질너트, 캐슈너트, 헤이즐넛, 피스타치오, 호두 등을 즐겨 먹는 사람이 먹지 않은 사람보다 체중이 1.8kg, 허리둘레가 1인치, 체질량 지수(BMI)가 1kg/m² 낮은 것으로 나타났다.
3) 피스타치오는 영양소가 풍부하며 칼로리가 가장 낮은 견과류 중 하나로 체중 조절을 돕고 심장을 튼튼히 하는 데 좋다.
4) 160kcal에 불과한 피스타치오 열매 약 30g(49개 정도)에는 비타민B6을 비롯한 각종 비타민, 망간, 구리와 미네랄이 풍부하게 들어 있다.
5) 160kcal의 피스타치오는 식이섬유 일일 필요량의 12%(약3g의 식이섬유)를 제공하는데, 이는 통밀빵 1회 제공량보다 많다.
6) 견과류 섭취는 엽산 및 HDL-C 수치를 높이는데, 이는 심장 건강에 중요한 지표다.
7) 피스타치오는 껍질을 까는 동안 먹는 양을 의식하도록 돕기도 한다.
8) 성인의 경우 고혈압 발병 위험이 19% 줄어들고, 좋은 콜레스테롤 부족 증상은 21% 더 낮은 것으로 나타났다.
9) 견과류를 매일 40g 안팎, 혹은 3스푼 정도 섭취하면 체중은 줄고 심장질환 등 만성병에 걸릴 위험을 낮출 수 있다.

폴커 마이(Volker Mai) 교수가 이끄는 미국 플로리다 대학 식품농업과학연구소 연구팀은 피스타치오에서 발견된 소화되지 않고 장내에 남아 자연 발생적인 세균 역할을 하는 물질과 장의 관계를 조사했다. 매릴랜드에 위치한 벨스빌레 인간영양연구센터에서 연구를 실시했다. 16명의 건강한 남녀를 무작위로 4그룹으로 나눴다. A그룹은 미국 스타일 식단을 유지하게 했고, 나머지 그룹은 피스타치오 또는 아몬드를 하루에 0, 1.5, 그리고 3온스를 먹도록 했다. 각 참여자의 식단은 실험 중간에 살이 찌거나 빠지지 않도록 열량이 조절됐다.

연구를 실시하는 동안 다수의 대변을 채취하여 세균 구성을 분석하였다. 연구팀은 소화관에 머물러 음식물을 분해하는 역할을 하는 젖산균(Lactic Acid Bacteria, 락트산균, 유산균)과 비피도박테리아(Bifidobacteria)의 양을 측정하였다. 연령, 식단 요인, 및 기타 적절한 변이를 감안한 후, 연구팀은 하루에 3온스(147개, 2회분)의 피스타치오 또는 아몬드를 19일 동안 섭취하게 했다.

이 연구 결과는 2012년 5월 실험생물학 학술대회(Experimental Biology Conference)에서 발표되었으며, 미국 〈영양학회지〉(2012년 5월호)에도 발표되었다.

1) 피스타치오 섭취가 장내 유익한 세균의 양을 변화시키는 데 도움을 주며, 결과적으로 소화와 건강에 이로운 영향을 미쳤다.

2) 피스타치오를 섭취한 참가자가 건강에 이로운 부티르산(butyrate: 결장상피세포의 중요한 에너지원이며, 결장 건강을 유지하는 데 중요한 역할을 함)을 생산하는 세균의 증가를 보였다. 이 같은 효과는 아몬드보다는 피스타치오를 섭취한 사람들에게서 더 강한 것으로 나타났다.

3) 근위부 대장에 도달하는 섬유질과 견과류를 포함한 완전히 소화되지 않는 물질들이 여러 종의 세균 유지에 필요한 영양분을 제공한다.

4) 피스타치오는 식이성 섬유같이 소화되지 않고 장내에 남아 자연 발생적인 세균 역할을 하는 성분을 함유하고 있다. 또 장내 세균 환경을 바꾸는 식물성 화학물질을 함유하고 있어 소화기 내에서 이로운 세균 성장을 강화시킬 수 있다.

5) 위장관에서 장내 미생물 또는 세균의 환경은 건강에 중요한 역할을 한다. 장내 세균 구성을 건강에 이로운 쪽으로 바꾸는 것은 전반적인 건강에 대한 잠재적인 효과와 더불어 장 건강을 높이기 위한 새로운 접근인데, 피스타치오가 이러한 변화에 중요한 역할을 할 수도 있다.

6) 약 49개, 160kcal의 피스타치오 1회 제공량은 1일 권장량의 12%인 3g의 식이섬유소를 포함하며 통밀빵 1회 제공량에 포함된 양보다 풍부하다. 피스타치오는 또한 비타민B6, 구리, 망간을 비롯해 인, 티아민의 좋은 공급원이다.

박덕은 박사의 건강 상식 · 18

식욕을 억제하고 행복감을 높여 주며 심장 건강을 개선시키는 세로토닌과 연관이 있는 견과류를 매일 먹자.

19
매일 과일을 먹어야

북웨일즈 뱅거 대학 한스-피터 쿠비스 박사는 다음과 같은 연구 결과를 내놓았다. 이 연구 결과는 〈세계 콩과 말린 과일 회의(World Nut & Dried Fruit Congress)〉에서 2011년 6월 발표되었으며, 영국 일간지 〈텔레그래프〉에 2011년 6월 9일 보도되었다.

1) 주스를 만드는 과정에서 과일을 짤 때 당분이 농축된다.

2) 한 잔의 과일주스에는 티스푼 5개 정도의 당분이 들어 있으며, 이는 탄산음료 한 캔에 들어가는 당분의 2/3 분량에 해당된다.

3) 이 같은 당분은 비만의 원인이 되고 혈당수치를 높이며 신체의 정상적인 신진대사를 방해한다.

4) 사람들은 과일주스가 진짜 과일을 대신할 수 있다고 생각하지만 이는 착각이다.

5) 과일주스를 마시지 않는 것이 좋으며 그 대신 영양소가 더 많은 진짜 과일과 신선한 채소를 씹어 먹어야 한다.

6) 과일주스에는 사람들이 생각하는 것보다 더 많은 당분이 들어 있어 이를 과다 섭취하기 쉽다.

7) 건강을 생각한다면 물과 과일주스의 비율을 4:1로 만들어 마시는 것이 좋다.

영국 리즈 대학 게리 윌리암스 박사의 한마디.

"말린 과일에는 일반 과일처럼 항산화제와 같은 영양소가 들어 있다. 또한 섬유소, 비타민, 미네랄도 풍부하다. 이는 암, 대사성 질환, 심장질환을 막는 데 도움이 된다. 사람들은 말린 과일이 풍미가 너무 강하고 맛이 없다고 생각하지만 신선한 과일에 못지않은 영양소가 많이 들어 있다. 적어도 하루에 한 번은 말린 과일을 먹는 것이 좋다.”

가와다 데루오 교수(식품 기능학)가 이끄는 쿄토 대학 연구팀은 토마토의 섭취량이 많은 사람에게서 지방간과 고중성지방혈증 등이 적었다는 점에 착안해, 토마토의 성분을 연구 분석했다. 이 연구 결과는 2012년 2월 16일 언론에 보도되었다.

1) 토마토에서 중성지방을 줄이는 작용을 하는 성분을 발견했다.

2) 토마토는 내장비만으로 인한 각종 증후군의 개선에 도움이 된다.

3) 연구 과정에서 토마토에서 '13_oxo_ODA'라는 물질을 발견했는데, 이 물질에서 지방을 연소시키는 유전자를 촉진하는 성분이 발견됐다.

4) '13_oxo_ODA'을 비만 증상을 보이는 실험용 쥐에 먹이와 함께 투여한 결과, 4주 후 혈당치는 약 20%, 혈관 내 중성지방 농도는 약 30% 감소했다.

5) 다이어트 효과를 확인하기 위해서는 실험이 더 필요하다. 실험용 쥐의 토마토 섭취량을 사람으로 환산하면 200ml 토마토 주스를 하루 3회 마시는 양과 비슷하다.

최영훈 박사가 이끄는 농촌진흥청 난지농업연구소 연구팀과 이영재 교수가 이끄는 제주대 수의과대학 연구팀은 '감귤의 비만 억제' 효과에 관해 공동 연구를 했다. 연구팀은 고지방 사료만 섭취한 쥐와 고지방 사료와 감귤 사료를 섞어서 먹은 쥐를 2개월간 비교 실험을 했다. 이 연구 결과는 2004년 12월 23일 언론에 보도되었다.

1) 감귤을 섭취하면 비만 억제와 콜레스테롤 수치를 감소시키는 효과가 있는 것으로 나타났다.

2) 고지방 사료와 감귤 사료를 섞어서 먹은 쥐가 고지방 사료만 먹은 쥐에 비해 체중은 14.5%(435 → 372g), 복부지방 함량은 59%(3.9 → 1.6g) 감소했다.

3) 고지방 사료만 섭취한 쥐는 정상 쥐에 비해 고환이 20~30% 축소(정상 고환의 70~80% 크기)되었으며, 고지방 사료와 감귤 사료를 동시에 먹은 쥐는 고환 크기가 85%~95%까지 회복됐다.

4) 고지방 사료와 감귤 사료를 먹은 쥐가 고지방 사료만 먹은 쥐에 비해 콜레스테롤 함량이 29% 줄어들었으며, 혈압도 145mmHg에서 130mmHg으로 강하하는 것으로 관찰됐다.

미국 펜실베니아 주립대학 영양과학부 연구팀은 58명을 세 그룹으로 나눠 5주 동안 각각 식사 전에 사과 하나를 씹어 먹거나, 사과 주스를 마시거나, 사과 소스를 먹게 한 뒤 포만감과 식욕을 관찰했다. 이 연구 결과는 다음과 같았다.

1) 사과를 씹어 먹은 그룹에서 칼로리 섭취가 15% 정도 줄어든 것으로 나타났다.
2) 사과 주스를 마신 그룹은 별다른 변화가 없었다.
3) 포만감은 사과, 사과 소스, 사과 주스 순이었다.
4) 사과의 풍부한 섬유질은 식욕을 감퇴시킨다.

시와니 모그혜 교수가 이끄는 미국 텍사스 여자대학 대학원 연구팀은 블루베리가 비만을 억제하는 데 효과가 있는지에 대해 동물 실험을 했다. 연구팀은 블루베리 속에 들어 있는 폴리페놀(항산화물질 중 하나) 성분들이 지방 형성을 억제하고 지방 분해를 유도하는 데 효용성이 있는지 여부를 면밀히 관찰했다.

연구는 실험용 쥐들로부터 떼어낸 조직을 시험관에서 배양한 뒤 용량을 달리한 폴리페놀 성분들을 투여하는 방식으로 이루어졌다. 그러면서 분자물질 단계에서 블루베리 속의 폴리페놀 성분들이 비만을 억제하는 데 효용성이 있는지 여부를 관찰했다. 이 연구 결과는 미국 영양학회(ASN) 주관으로 2011년 4월 9~13일 워싱턴 D.C.에서 열린 '2011년 실험생물학 학술회의'에서 발표되었으며, 미국 방송 〈폭스뉴스〉 온라인판, 영국 일간지 〈데일리메일〉 온라인판 등에 2011년 4월 11일 보도되었다.

1) 블루베리가 새로운 지방세포의 생성을 막아 비만을 억제하는 데 효과가 있었다.
2) 블루베리에 함유되어 있는 폴리페놀 성분들이 지방세포 분화에 영향을 미쳤다.
3) 폴리페놀 성분들이 투여한 용량에 따라 다르게 지방세포 분화를 억제하는 효과가 있었다.
4) 고용량의 폴리페놀 성분들을 투여한 경우에는 지질 수치가 73%나 감소한 데 비해, 저용량의 폴리페놀을 투여했을 때에는 27%가 감소했다.
5) 블루베리가 체내에서 지방조직의 형성을 억제하고 감소시키는 데 도움을 줄 수 있다.

6) 블루베리는 심장병, 당뇨병 또는 노화를 막는 데 일정 수준 효과가 있을 뿐만 아니라 몸의
지방조직을 줄이는 데도 도움이 된다.

리우 팽 교수가 이끄는 미국 텍사스 대학 연구팀은 레스베라트
롤(식물의 항스트레스성 물질)의 효능에 대해 조사했다. 이 연구 결과는
〈생물화학 저널(Journal of Biological Chemistry)〉(2011년 1월호)에 발표되
었으며, 미국 온라인 의학 전문지 〈메디컬뉴스투데이〉, 온라인 과
학 뉴스 〈사이언스 데일리〉 등에 2011년 1월 보도되었다.

1) 포도에 들어 있는 레스베라트롤을 섭취하면 비만 억제 호르몬인 아디포넥틴(adiponectin,
지방을 만들고 저장하는 세포 활동에 관여하는 호르몬)의 활동을 자극해 살을 빼는 데 효과
적이었다.
2) 레스베라트롤과 아디포넥틴은 비만 억제에 효과가 있을 뿐만 아니라 인슐린 저항성을 낮
아지게 해 항노화 작용도 하는 것으로 나타났다.
3) 이번 연구는 비만과 당뇨병 환자의 치료약 개발에 아이디어를 제공해 줄 것이다.

네덜란드의 마스트리흐트 대학 연구팀은 남성 비만 환자 11명
에게 한 달 동안 하루 150mg의 '레스베라트롤'을 투여했다. 이 연
구 결과는 학술지 〈세포 신진대사(Cell Metabolism)〉(2011년 11월호)에
발표되었으며, 영국 일간지 〈텔레그래프〉에 2011년 11월 1일 보도
되었다.

1) 레드와인과 포도, 오디, 땅콩 등에 들어 있는 '레스베라트롤(resveratrol)'이라는 천연 화합물
을 정기적으로 섭취하면 저칼로리 식단을 취하거나 지구력 강화 운동을 하는 것과 같은 효
과를 낼 수 있다
2) '레스베라트롤'은 지방을 태우는 비율을 높이고, 인슐린 저항성을 낮추며, 지방간, 혈압, 혈
당수치까지 낮추는 역할을 하므로 성인 당뇨병이나 암 등 각종 성인병을 예방하는 효과
가 있다.
3) '레스베라트롤'을 투여한 비만 환자들의 수축기 혈압은 5mmHg 낮아지고, 사용하는 에너
지의 양도 2~4% 줄어들었다.

 내 몸에 꼭 맞는 다이어트
제2권 비만 탈출

4) 이 같은 효과를 거둘 수 있을 정도의 '레스베라트롤'을 섭취하려면 하룻밤에 13병 이상의 와인을 마셔야 하는데, 술에 따른 부작용이 더 클 수 있다.

5) 이에 대한 해결책으로 식품 보충제로 나와 있는 캡슐을 먹으면 좋다.

6) 비만 환자가 아닌 날씬한 사람을 대상으로 했을 때도 같은 효과를 거둘 수 있을지는 의문이지만, 이미 신진대사에 어느 정도 문제를 가지고 있는 사람이라면 효과를 볼 수 있을 것이다.

스티븐 볼링 교수가 이끄는 미국 미시간 대학 연구팀은 과체중 쥐에게 체리(tart cherry, 학명 Prunus cerasus) 가루를 첨가한 먹이를 12주간 먹인 뒤 콜레스테롤과 체지방 등을 측정했다. 실험에 사용된 체리는 미국에서 체리 파이, 체리 주스, 샐러드 재료 등으로 쓰이는 '신맛 체리'였다. 이 연구 결과는 미국 일간지 〈워싱턴포스트〉 온라인판 , 〈인디아 타임즈〉 온라인판 등에 2008년 10월 26일 보도되었다.

1) 체리 가루 첨가 없이 먹은 실험용 쥐에 비해 체리 가루를 첨가해 먹은 실험용 쥐는 콜레스테롤 수치가 11%, 체지방이 14% 떨어졌고, 몸무게 역시 줄었다.

2) 몸무게 감량은 특히 뱃살에서 두드러졌다.

3) 체리 가루를 먹은 쥐에선 심장병을 유발하는 염증 요소인 인터루킨6 수치는 31%, TNF-알파 수치는 40%로 각각 감소했다.

4) 신맛 체리의 심장병 예방 효과는 안토시아닌 성분 때문으로 추정된다. 안토시아닌은 강력한 항산화제로서 혈압, 콜레스테롤을 낮추고 뇌중풍 위험을 줄인다. 안토시아닌은 딸기, 블루베리, 라즈베리 등 베리류에 다량 포함돼 있다.

5) 신맛 체리가 콜레스테롤, 체지방, 몸무게, 심장병을 유발하는 염증 요인 등을 줄여 심장병 위험을 낮춘다는 사실이 입증됐다.

2008년 1월 〈바나나 다이어트법〉이라는 저서를 펴낸 와타나베 스미코 약사가 제안하는 아침 바나나 다이어트 실천법은 아주 간단하다.

1) 아침 식사 시간에 바나나를 물과 함께 먹고 싶은 만큼 먹는다.

2) 점심 식사와 저녁 식사는 평소처럼 규칙적으로 식사를 한다.

3) 저녁 식사는 8시 이전에 마친다.

4) 자정 이전에는 반드시 잠자리에 든다.

마크 페레이라 교수와 빅터 풀고니 교수가 이끄는 미국 미네소타 대학 연구팀은 1999~2004년 국민건강영양조사(NHANES) 기록을 바탕으로 인공 재료를 섞어 만든 '과일맛 주스'가 아닌 '100% 과즙'으로 만든 진짜 과일주스를 마시는 사람과 그렇지 않는 사람들을 비교했다. 이 비교는 19세 이상 성인 14,000여 명의 자료를 바탕으로 했다. 이 연구 결과는 2009년 〈실험생물학(Experimental Biology)〉 연차 학술대회에서 2009년 4월 22일 발표되었으며, 미국 과학 논문 소개 사이트 〈유레칼러트〉에 2009년 4월 22일 보도되었다.

1) 100% 주스를 마시는 사람들은 그렇지 않은 사람들보다 비만 위험이 22% 낮았으며, 신진 대사 증후군 위험도 15% 낮았고, 체질량 지수(BMI), 허리둘레, 인슐린 저항에서도 낮은 수치를 보였다.

2) 100% 주스를 마시는 사람들은 신체 활동량이 많고, 식습관도 더 건강한 것으로 나타났다.

3) 100% 주스를 마시는 사람들은 평소 지방이 적으며, 섬유소가 풍부하고, 설탕이 덜 들어간 음식을 골라 먹는 경향이 있었다.

4) 과일과 채소로 이뤄진 건강 식단이 만성질환 위험을 낮춘다.

5) 100% 과일주스 한 잔은 과일 하나를 통째로 섭취하는 것과 맞먹는 효과를 발휘한다.

김하진 원장이 이끄는 365mc 비만클리닉 연구팀은 2011년 3월 '어린이건강박람회' 기간 동안 어린이 189명을 대상으로 설문 조사를 진행했다. 이 연구 결과는 2011년 3월 17일 언론에 보도되었다.

1) 하루 2번 이상 간식을 먹는 어린이는 52%(98명)로 나타났다.

2) 좋아하는 간식으로 빵, 과자, 떡을 꼽은 어린이는 45%(84명)로 가장 많았다. 이어 치킨(58명, 31%), 과일(51명, 30%), 떡볶이 등 분식류(18명, 10%) 순으로 나타났다.

3) 외식 횟수에 대한 질문에서는 '일주일에 한 번 정도'라고 답한 응답자가 33%(61명)로 가장

많았고 한 달에 두 번(51명, 27%), 한 달에 한 번 정도(49명, 26%) 등이 뒤를 이었다.

4) 외식 메뉴로는 삼겹살이나 갈비 등 고기류(91명, 49%), 돈가스 · 피자 · 햄버거(32명, 17%) 등으로 조사됐다.

5) 소아비만은 성인 비만으로 연결될 확률이 높기 때문에 어려서부터 바람직한 식생활로 정상 체중을 유지하는 것이 중요하다.

6) 아동 비만을 예방하기 위한 간식으로는 토마토, 브로콜리 등 당분과 지방이 적고 섬유질이 풍부한 야채와 과일, 정제되지 않은 통밀빵 등이 좋다.

한국 건강증진재단과 보건복지부는 아동의 과일 · 채소 섭취 습관을 개선하기 위해 '어린이 과일 · 채소 먹기 영양 교육 프로그램'을 개발했다고 밝혔다. 이번 프로그램은 초등학교 재량활동, 지역아동센터, 보건소 등에서 어린이 식습관 개선 및 영양 교육에 활용할 수 있도록 한국 건강증진재단 홈페이지(www.khealth.or.kr)에 2012년 4월 17일 발표되었다.

1) 식약청에서 발표한 중소도시의 어린이를 대상으로 실시한 '식생활 환경 조사' 결과 청소년 10명 중 8명 이상은 성장기에 꼭 필요한 비타민과 섬유질 등이 함유된 과일이나 채소를 권장 섭취량보다 적게 먹고 있는 것으로 나타났다.

2) 아동기에 과일과 채소의 섭취가 낮으면 과체중의 위험이 높아질 수 있다.

3) 실제로 과일을 하루 1회 미만 섭취한 청소년의 경우 1회 이상 섭취자보다 과체중의 위험이 더 높은 것으로 나타났다.

박덕은 박사의 건강 상식 · 19

비타민과 섬유소가 풍부한 과일을 먹자.

20
채소를 먹어야

미국 존스홉킨스 대학 연구팀은 참여자들을 대상으로 버섯과 쇠고기 중에서 하나를 택해 4일간 섭취하게 했다. 이 연구 결과는 2008년 8월 20일 언론에 발표되었다.

1) 쇠고기처럼 에너지 밀도가 높은 식품 대신 에너지 밀도가 낮은 식품인 버섯을 많이 섭취하는 것이 비만을 예방하고 치료하는 효과적인 방법이다.

2) 버섯보다 쇠고기를 먹을 경우 칼로리 섭취량이 하루 평균 420kcal 가량 높은 것으로 나타났다.

3) 쇠고기와 버섯에 대해 참여자들이 느끼는 미각, 식욕, 포만감은 큰 차이가 없는 것으로 나타났다.

4) 버섯이 육류나 햄버거만큼 입맛에 맞으면서도 살이 찔 염려가 없어 다이어트 대용식이 될 수 있다.

5) 버섯은 비타민B, 비타민D, 셀레늄 등이 풍부하게 들어 있어 영양학적 면에서도 매우 훌륭하다.

6) 버섯은 심혈관 질환, 일부 암, 2형 당뇨병 등의 발병 위험인자인 비만 유병률을 낮출 수 있는 식품이다.

한국 양파산업연합회 연구팀은 2010년 12월 1일 양파의 효능에 대해 다음과 같이 언급했다.

1) 양파의 퀘르세틴(Quercetin) 성분은 몸속의 콜레스테롤 등 지방을 분해해 체내 지방 축적을 예방한다.

2) 특히, 육류와 함께 양파를 섭취하면 퀘르세틴 성분이 항산화 작용을 해 활성산소를 없앨 수 있다.

3) 양파는 다양한 영양소가 고루 들어 있어 건강식품이다.

4) 양파에는 당분과 유황 성분이 많이 들어 있고 다른 야채들에 비해 지방 함량은 적고 단백질 함량은 높다.

5) 양파에는 각종 비타민과 칼슘, 인산 등의 무기질이 골고루 함유돼 있어 혈액 중의 유해 물질을 제거하는 작용을 한다.

6) 양파에는 광합성 식물에서만 독특하게 발견되는 플라보노이드의 일종인 퀘르세틴이 들어 있다. 퀘르세틴은 항암과 항산화에 뛰어난 효과가 있다. 또 체내에서 중금속, 독 성분, 니코틴 등의 흡착을 용이하게 해주어 해독에 도움을 주며, 치매나 파킨슨병 등 뇌질환을 예방해 준다.

7) 코넬 대학에서 이뤄진 한 연구에 의하면 퀘르세틴 성분에는 강력한 항암 효과가 있다고 밝혀졌다.

8) 미국 조지아 주 양파 생산지 주민들의 위암 발생률은 다른 지역 주민보다 훨씬 낮은 것으로 드러났다. 이는 양파에 베타카로틴, 비타민C, 셀레늄과 같은 항산화물질이 풍부하게 들어 있기 때문이다.

9) 하루에 1/3개의 양파를 먹되 너무 오래 가열하지 말고 가능한 한 생으로 먹는 것이 양파의 항암 능력을 높이는 방법이다.

10) 양파는 콜레스테롤과 젖산을 녹여 체내에 지방이 축적되는 것을 방지해 다이어트에도 효과적이다.

11) 양파는 혈액 속의 과산화지질이 늘어나는 것을 억제해 뇌세포의 노화와 세포 조직 손상을 막아준다.

매년 유럽연합(EU)에서만 50만 톤의 양파 껍질이 쓰레기로 버려지고 있다. 그런데 양파 껍질에도 몸에 좋은 다양한 영양 성분이 충분히 들어 있다는 연구 결과가 나와 눈길을 끌고 있다.

스페인 마드리드 대학 바네사 베니테즈 연구원은 양파의 겉껍질과 속 부분에 각각 어떤 영양 성분이 있는지에 대해 조사했다. 이 연구 결과는 〈인간 영양을 위한 농작물(Plant Foods for Human Nutrition)〉 저널(2011년 7월호)에 발표되었으며, 미국 과학 논문 소개 사이트 〈유레칼러트〉에 2011년 7월 15일 보도되었다.

1) 먹지 않고 버리는 양파 껍질에도 항산화물질이 들어 있다. 고혈압과 당뇨병 치료에 도움을 주고 항암 효과도 있는 퀘르세틴(Quercetin)이라는 식이섬유가 많이 포함된 것으로 나타났다.

2) 양파 껍질에는 토마토에 많이 들어 있는 플라보노이드(flavonoids)도 함유돼 있어, 항암과 심장질환 예방에 효과가 있다.

3) 양파 껍질을 먹으면 심혈관 질환과 위장병, 결장암, 당뇨병 및 비만을 막는 데 효과를 볼 수 있다.

4) 문제는 바짝 마르고 누렇게 변색된 양파 껍질은 맛이 쓰기 때문에 먹는 것이 쉽지 않다는 데 있다. 그래서 양파 껍질만으로 새로운 식품 첨가물을 만들면 쓰레기도 줄이고 양질의 첨가물을 만들 수 있을 것이다.

미국 메사추세츠 앰허스트 대학에서 민속식물학을 강의하면서 라디오와 TV에 고정 출연하고 있고, 〈5명의 티벳인(The Five Tibetans)〉을 비롯해 14권의 저서를 펴낸 바 있으며, 미국 방송 〈폭스뉴스〉의 식품 칼럼니스트인 크리스 킬햄은 2012년 2월 8일 다음과 같은 내용의 칼럼을 썼다.

1) 건강을 유지하려면 하루에 양파 한 개를 먹으면 좋다.

2) 석류, 레드 와인, 녹차가 건강기능식품으로 각광을 받고 있으나, 양파는 이것들보다 더욱 뛰어나다.

3) 양파는 다양한 암, 심혈관 질환, 성인 당뇨병, 녹내장을 비롯한 수많은 질병을 예방하고 치료하는 효능이 있다.

4) 양파는 강력한 항생제 역할을 할 수 있으며 미생물 감염으로 인한 식중독을 줄여 준다.

5) 양파는 건강에 도움이 되는 강력한 화합물들을 풍부하게 함유하고 있다.

6) 양파는 신경계와 심혈관계를 보호하며 면역기능을 강화하고 종양의 성장을 억제하며 몸에 좋은 호르몬의 기능을 향상시켜 준다.

7) 레드 와인이 심장을 보호하는 대표 식품으로 떠올랐지만 양파는 이보다 더욱 뛰어나다.

8) 프랑스 역설(프랑스 사람들이 포화지방 음식을 많이 먹는데도 심혈관 질병이 적은 현상)의 진정한 해답은 와인이 아니라 양파일 수도 있다. 거의 모든 프랑스 요리에는 양파가 들어가기 때문이다.

9) 양파는 콜레스테롤 수치을 낮추고 동맥 경화를 막아주며 혈관의 탄력성을 키워주고 혈압을 정상으로 유지하는 데 도움을 준다.

10) 양파는 항암 효능이 있다.

11) 양파는 혈당을 조절하는 강력한 기능을 갖추고 있어서 성인 당뇨병과 비만을 막는 데 도움이 된다.

 내 몸에 꼭 맞는 다이어트
제2권 비만 탈출

12) 지방과 설탕 섭취를 줄이면서 양파를 먹으면 혈당과 체중을 올바른 궤도로 돌려놓을 수 있다.

13) 양파를 먹는 방법은 얇게 썰어서 샐러드에 넣는다든지, 채소나 생선, 육류와 함께 익혀서 요리한다든지, 뭐든지 좋다.

황금희 교수가 이끄는 동강대 식품영양과 연구팀은 평균 나이 49.4세 성인 17명에게 양파 농축액을 3개월간 섭취하도록 한 뒤 조사했다. 이 연구 결과는 2012년 5월 18일 언론에 보도되었다.

1) 중성지방이 31.2%, 콜레스테롤은 15% 감소했다.

2) 양파에 들어 있는 퀘르세틴은 중성지방과 콜레스테롤 등 체내 지질을 분해해 체외로 배출시켰다.

경상남도 농업기술원 양파연구소 하인종 소장의 한마디.

"양파즙을 꾸준히 먹으면 체내에 지방이 축적되는 것을 방해해 비만 예방에 도움이 된다. 양파즙을 마시면 좋지만, 평소 돼지고기 등 지방이 많은 식품을 먹을 때 양파를 곁들이는 것도 좋다."

농산물가공이용과 전혜경 과장이 이끄는 농촌진흥청 농촌자원개발연구소 연구팀과 강순아 교수가 이끄는 건국대학 연구팀은 공동으로 동물 실험을 통해 마늘의 효능에 대해 분석했다. 연구팀은 고지방 먹이와 마늘 착즙액을 4주간 쥐에게 먹인 뒤 관찰했다. 이 연구 결과는 2005년 1월 29일 언론에 보도되었다.

1) 마늘에 항암. 항균 효과뿐만 아니라 비만 억제 효과도 있는 것으로 나타났다.

2) 마늘 착즙액을 4주간 먹은 쥐는 하루에 체중 증가량이 0.09 g 으로, 고지방식만 먹은 쥐의 체중 증가량 0.2 g 의 45% 수준에 불과했다.

3) 체지방을 대표하는 '부고환 지방' 함량도 마늘 착즙액을 먹은 쥐는 100 g 당 0.81 g 으로 고지방식만 먹은 쥐의 1.36 g 보다 40% 가량 낮았다.

4) 지방세포 크기 역시 마늘 착즙액을 먹은 쥐는 99.6 ㎛로 고지방식만 먹은 쥐의 120.6 ㎛보

다 월등히 작은 것으로 나타났다.

5) 마늘 착즙액을 먹은 쥐는 비만 단백질인 '렙틴(leptin)' 함량이 고지방식만 먹은 쥐의 렙틴 함량에 배해 절반 수준에 그쳤다.

6) 마늘은 위암과 폐암, 유방암 등의 암세포를 죽이는 효과가 있을 뿐만 아니라 간 기능 회복은 물론 마늘에 함유된 '리진'이라는 단백질은 정액에 들어가 정자의 기능을 활발하게 만들어 정력 증진에도 이바지한다.

7) 한국산 마늘이 외국산보다 각종 항암 효과가 우수한 것으로 나타났는데 이번 연구를 통해서 항비만, 항산화 기능까지 입증됐다.

농촌자원개발연구소 연구팀의 한마디.

"마늘은 일단 매일 꾸준히 먹는 것이 좋으나 마늘의 매운 성분은 공복에 먹게 되면 위벽에 상처를 낼 수 있으므로 적당량을 먹는 것이 좋은데 하루에 2~3쪽이 알맞다. 마늘은 날로 먹는 것이 생리 기능성 측면에서는 가장 좋지만 자극이 심하다고 느낀다면 구워 먹거나 간장과 된장, 식초 등과 함께 장아찌로 만들어 먹어도 좋다. 그러나 마늘을 너무 오래 가열하면 몸에 이로운 성분이 모두 사라지기 때문에 살짝 데워 먹는 것이 요령이다."

서울대 약학대학 김상건 교수가 이끄는 대사 및 염증 신약개발센터 연구팀은 쥐를 이용한 실험에서 식단의 60%가 지방으로 구성된 고지방식을 먹게 해 단기간에 살을 찌웠다. 살이 찐 쥐에게 아조엔을 하루에 한 번 10mg씩 일주일에 다섯 번 먹였을 때 노말 다이어트(NORMAL DIET)에 비해 체중의 증가폭이 어떠한지를 관찰했다. 이 연구 결과는 2011년 5월 12일 한국 응용약물학회 춘계학술대회에서 발표되었다.

1) 살이 찐 쥐에게 아조엔을 하루에 한 번 10mg씩 일주일에 다섯 번 먹였을 때 노말 다이어트에 비해 체중의 증가폭이 현저히 낮아졌고, 중성지방이 간세포에 축적되는 현상이 없어졌다.

2) 마늘을 60도 이상에서 가열할 때 만들어지는 아조엔이라는 물질이 비만 등의 대사 질환에

효과적인 역할을 한다.

3) 아조엔은 혈소판의 응집 현상을 막아줘 고지혈증, 고혈압, 동맥경화, 협심증, 심근경색 등을 방지하는 효과가 있다.

4) 중성지방이 증가하면 혈관 내벽에 엉겨 붙어 혈관이 좁아지고 신축성이 떨어지면서 고혈압, 동맥경화, 협심증, 심근경색, 뇌졸중이 발병할 수 있다.

5) 지방세포가 반드시 나쁜 것만은 아니다. 지방세포에서 우리 몸에 좋은 호르몬을 분비한다. 그러나 지방세포가 많을 경우 비만 등 각종 대사 질환 및 고지혈증, 고혈압, 당뇨 등의 성인병이 생길 수 있는데, 아조엔은 궁극적으로 지방세포 자체를 건강하게 만들어 성인병을 예방할 수 있다.

주종재 교수가 이끄는 군산대학 식품영양학과 연구팀은 실험용 흰쥐 150마리를 절반씩 2그룹으로 나눠 관찰했다. A그룹은 고지방식을 먹게 한 후 고추에서 추출한 캡사이신을 투여하고, B그룹은 고지방식을 먹게 한 후 캡사이신을 투여하지 않았다. 이 같은 실험을 1997년 8월부터 3차례에 걸쳐 반복하면서 관찰했다. 이 연구 결과는 〈한국 영양학회지〉(1999년 7월호)에 발표되었다.

1) 고추의 매운맛 성분인 캡사이신이 체지방을 줄여 비만의 예방과 치료에 큰 도움이 된다.

2) 캡사이신을 투여하지 않은 흰쥐의 체지방 축적량은 26.5g인 반면 캡사이신을 투여한 흰쥐의 체지방 축적량은 18.5g으로 30% 높은 감소 효과가 있었다.

3) 캡사이신 투여는 흰쥐들의 식욕과 에너지 섭취량에는 영향을 미치지 않으면서 지방 축적을 크게 감소시켰다.

4) 고추의 성분인 캡사이신이 에너지 대사에서 중요한 역할을 하는 교감신경계의 활성을 증진시키면서 효과를 나타냈다.

대구대학 생명공학 석사 과정의 김동현, 주정인 씨는 동물 실험을 통해 캡사이신 투여 전후의 지방조직 및 근육조직의 단백체(특정 세포나 특수 상황에서 만들어지고 작용하는 단백질의 총합)를 분석했다. 이 연구 결과는 〈Journal of Proteome Research〉(2010년 6월호)에 발표되었다. 지방조직의 단백체 분석 결과는 'news article'로 선정돼 해외 언론에도 보도되었으며, 근육조직의 단백체 분석 결과는 〈Proteomics〉 온라인판에 2010년 7월 보도되었다.

1) 고추의 매운 성분인 캡사이신(capsaicin)을 투여할 경우 지방조직의 크기가 현저히 감소했고, 지방 합성에 관여하는 주요 효소들의 활성이 크게 억제되었을 뿐만 아니라 지방 연소에 관여하는 단백질 생성이 크게 촉진돼, 2주간의 실험 기간 동안 약 8%의 체중 감량 효과가 있었다.

2) 캡사이신을 투여할 경우 백색 지방조직에서 특이하게 UCP1 등을 포함해 지방 합성을 방해했으며 동시에 지방 연소를 촉진하는 과정에서 5종의 새로운 단백질들이 관여됐다.

3) 고추의 매운 성분인 캡사이신은 지방 축적을 크게 줄이는 동시에 지방 연소를 촉진해 체중을 줄이는 효과가 있다.

미국 인디애나 주 퍼듀 대학 리차드 매츠 교수는 신체 건장한 남녀 25명(매운 음식 선호 13명, 비선호 12명)을 대상으로 실험을 했다. 매운 음식을 선호하는 13명은 하루 평균 1.8g, 비선호하는 12명은 0.3g의 캡사이신을 6주 동안 섭취했다. 연구에는 일반적인 붉은 고추가 사용됐다. 이 연구 결과는 〈생리학과 행동(Physiology & Behaviour)〉(2011년 4월호)에 발표되었다.

1) 고추의 캡사이신 성분이 식욕을 조절한다.

2) 고추의 캡사이신을 섭취하면 몸의 체온이 증가하고 배고픔이 줄었다.

3) 이 같은 효과는 평소 매운 음식을 선호하는 사람보다 비선호하는 사람에게서 더 뚜렷했다.

몸에 좋은 해조류 중에서도 의학적인 효능까지 갖춘 최고의 식품으로 알려진 다시마에 대한 관심이 점점 높아져 가고 있다.

1) 다시마는 알긴산이라는 식이섬유와 아미노산의 일종인 라미닌, 글루탐산, 아스파탐을 비롯해 칼륨 성분도 많다. 따라서 예부터 콜레스테롤 수치를 낮추면서도 피를 맑게 하고 혈압을 내리게 하는 식품으로 알려졌다. 알긴산은 중성지방이 몸속에 흡수되는 것을 막아 비만을 예방한다.

2) 다시마는 변비 방지 효과도 뛰어나다.

3) 다시마를 오랫동안 먹으면 살이 빠진다(동의보감).

4) 다시마는 칼로리가 거의 없어 당뇨 환자에게도 좋은 식품이다.

5) 다시마는 포도당이 혈액 속에 침투하는 것을 지연시키고 당질의 소화 · 흡수를 도와 혈당치를 내린다.

6) 다시마는 다양한 미네랄이 풍부하게 들어 있어 대표적인 알칼리성 식품이다.

7) 다시마는 신진대사를 촉진시키는 요오드 성분도 많아 갑상선 질환은 물론 방사선 오염에 대한 예방 효과가 있다.

8) 다시마는 아연, 유황, 철분, 칼슘, 마그네슘 성분도 많아 유해 활성산소의 흡수를 방지해 피부 및 탈모 방지에 도움이 되고 뼈까지 튼튼하게 한다.

영양학자 니콜라 구에스 교수가 이끄는 영국 런던 왕립대학 연구팀이 영국 당뇨자선단체의 지원으로 3년간 각종 채소들이 구체적으로 건강에 어떤 영향을 주는지에 대해 조사했다. 이 연구 결과는 〈영국 의학 저널(British Medical Journal)〉(2010년 8월호)에 발표되었으며, 영국 일간지 〈텔레그래프〉에 2010년 8월 23일 보도되었다.

1) 마늘, 아스파라거스, 돼지감자, 치커리가 비만과 성인 당뇨를 막아 주었다.

2) 마늘과 아스파라거스, 돼지감자, 치커리에 있는 섬유소가 허기를 없애줘 과도한 음식 섭취로 인한 비만을 줄여 주었다.

3) 이 채소들은 몸속 혈액의 당 수치를 통제하는 역할을 했다.

4) 이 채소들이 비만과 제2형 당뇨(성인 당뇨)의 위험을 줄여 주었다.

5) 이 채소들은 장 호르몬을 활성화시켜 배고픔을 잊게 하고 췌장에서 만들어지는 인슐린에 대한 민감도를 높여 주었다.

6) 이 채소들을 많이 먹을수록 비만과 당뇨 예방에 효과적이었다.

조 빈슨 교수가 이끄는 미국 펜실베이니아 스크랜튼 대학 연구팀은 비만이며 고혈압 환자인 18명에게 미국에서 주로 자라는 보라색 감자(purple potato) 6~8개를 하루 두 차례씩 한 달 동안 먹도록 했다. 각 감자는 모두 골프공 크기였으며 참가자들은 이 감자를 껍질까지 함께 먹었다. 실험에 참가한 사람들은 모두 감자를 전자레

인지에 가볍게 익혀서 먹었다. 이 연구 결과는 2011년 미국 덴버에서 열린 미국 화학학회(American Chemical Society) 연례회의에서 발표되었으며, 미국 의학 뉴스 사이트 〈메디컬뉴스투데이〉에 2011년 9월 1일 보도되었다.

1) 비만 환자들이 감자를 매일 꾸준히 먹으면 살이 더 찌지 않을 뿐 아니라 혈압도 큰 폭으로 낮출 수 있다.

2) 감자를 매일 먹은 참가자들의 평균 혈압은 4.3% 낮아졌으며 최대 혈압은 3.5% 하락한 것으로 조사됐다.

3) 대표적인 고탄수화물 음식인 감자는 지방으로 전환되는 속도도 빨라 비만의 주범으로 인식되어 왔다. 하지만 이번 연구를 통해서 감자를 많이 먹어도 체중이 증가하지 않는 것으로 확인됐다.

4) 감자의 어떤 성분이 구체적으로 혈압을 낮추는지는 아직 명확히 밝혀지지 않았다.

5) 보라색 감자에 들어 있는 페놀산, 안토시아닌, 카로티노이드 등 항산화 성분이 이 같은 효과를 나타내는 데 영향을 미쳤을 가능성이 높다.

6) 실험에 사용한 보라색 감자 외에 하얀 감자, 빨간 감자 등을 먹어도 비슷한 효과를 볼 수 있을 것으로 추정했다.

7) 튀긴 감자나 드레싱을 뿌린 감자는 칼로리가 높아 살이 찌는 원인이 되기 때문에, 감자를 튀겨 먹거나 케첩 및 마요네즈 같은 소스나 드레싱을 뿌려 먹으면 효과가 반감된다.

8) 튀기거나 프라이팬에 기름을 두르고 구운 감자칩 등 고온에서 조리된 음식들은 영양소가 파괴된 것으로 조사됐다.

미국 건강생활 잡지 〈이팅웰〉은 '체중 감량을 돕는 겨울 채소 5가지'를 2012년 1월 소개했다.

1) 감자: 지금까지 감자는 혈당지수(음식을 먹고 난 뒤 혈당치를 높이는 능력)가 높은 음식으로 분류되어 왔으나, 캘리포니아 대학 연구팀은 하루에 감자를 하나 먹는 것은 건강한 식이요법을 하는 한 체중 감량을 방해하지 않는다는 연구 결과를 내놓았다. 중간 정도 크기의 감자 한 알(150g)은 110kcal밖에 안 된다.

2) 콜리플라워: 콜리플라워는 한 컵에 29kcal밖에 안 되는 저칼로리 음식이지만, 먹음직스럽고, 속이 든든한 느낌을 주어 좋다. 퓌레에 섞어 먹거나 견과류 맛이 나오게 구워 먹으면 좋다. 썰어서 샐러드에 넣어 날로 먹어도 좋다.

3) 케일: 케일은 베타카로틴, 비타민C, 생리활성물질인 아이소타이오사이안산염(isothiocyanates)이라는 식물성 화학물질이 풍부하다. 또한 케일은 수프에 넣어 조금만 먹어도 포만감을 느끼게 해주기 때문에, 칼로리를 줄이려고 할 때 활용하면 좋다.

4) 국수호박: 구워도 되고, 얇게 썰어서 말려도 된다. 물에 삶으면 국수 가락처럼 풀어지는 국수호박은 칼로리 섭취를 줄일 수 있어 좋다. 보통의 스파게티 접시에 담아 마리나라 소스와 파마산 치즈를 뿌린 것의 칼로리는 파스타의 1/4 정도밖에 안 된다(요리한 파스타 한 컵이 200kcal, 국수호박은 42kcal). 국수호박은 칼로리가 낮고 섬유소가 풍부해 비만을 억제하는 효과가 있고, 피부 미용에도 좋으며, 다이어트 건강식품으로도 좋다.

5) 방울양배추: 칼로리가 낮고 섬유소의 훌륭한 원천인 방울양배추를 매일 먹으면, 생리활성물질인 아이소타이오사이안산염, 비타민A, 비타민C, 비타민K 등도 섭취할 수 있다.

박덕은 박사의 건강 상식 · 20

감자, 양파, 버섯, 다시마, 고추, 마늘을 즐겨 먹으면 비만을 막을 수 있다.

21
향내 강한 음식을 먹어야

　레네 드 위지크 박사가 이끄는 네덜란드 연구팀은 26~50세의 성인 10명을 대상으로 조사했다. 연구팀은 참가자들을 치과 의자에 앉게 하고 바닐라 커스터드 디저트를 실험 참가자들의 입에 펌프를 통해 제공했다. 참가자들은 언제든 버튼을 눌러 펌프 작동을 멈출 수 있게 해 섭취량을 조절할 수 있도록 했다. 이들에게는 30가지 맛이 주어졌다. 연구팀은 매우 강렬한 향이 나도록 하지는 않았다. 음식 간의 향내 차이는 매우 작았으며 참가자들이 이를 분간하기 어려울 정도였다. 이 연구 결과는 〈플레이버(Flavour)〉에 2012년 3월 21일 발표되었으며, 미국 〈CBS 방송〉에 2012년 3월 21일 보도되었다.

1) 커스터드 향이 강할수록 베어 먹는 크기가 작아졌다.

2) 향내가 강한 음식은 전반적으로 5~10% 더 적게 먹었다.

3) 향내가 강한 음식을 먹는 것이 음식을 적게 먹는 방법이며, 체중 감량에 도움이 된다.

4) 향이 강할수록 음식을 베어 먹는 양이 작아 결과적으로 식사량이 적어진다.

5) 음식의 향의 농도가 이처럼 베어 먹는 양에 영향을 미치는 것은 신체의 자기 통제 메커니즘과 관련이 있기 때문이다.

6) 향이 강하면 우리 신체의 자율 통제 시스템은 그만큼 강한 자극을 피하기 위해 무의식적으로 베어 먹는 양을 줄이게 된다.

7) 향내가 강하면 자신도 모르게 그 음식을 열량이 높고 두께도 두꺼운 것으로 생각하게 해 포만감을 낳는다.

박덕은 박사의 건강 상식 · 21

향내가 강한 음식을 먹으면, 음식을 적게 먹어 좋고, 체중 감량을 할 수 있어 좋다.

22
식초, 후추, 카레를 먹어야

토무 콘도 박사가 이끄는 일본 식초 제조판매 회사 미즈칸 그룹의 중앙연구센터 연구팀은 식초의 주성분인 초산이 혈압 강화, 혈당 조절, 지방 축적 방지 등에 영향을 미칠 것으로 추정하고 동물 실험에 착수했다. 실험용 쥐를 세 그룹으로 나눠 6주 동안 고지방 먹이를 제공한 뒤 한 그룹은 물만 먹게 하고, 나머지 그룹은 각각 0.3%, 1.5%의 초산을 투여했다. 이 연구 결과는 〈농업과 식품화학 저널(Journal of Agricultural and Food Chemistry)〉(2009년 7월 10일자)에 발표되었으며, 온라인 과학 저널 〈라이브사이언스〉에 2009년 7월 20일 보도되었다.

1) 초산이 투여된 쥐는 물만 먹은 쥐보다 10%까지 체내 지방이 감소했다.

2) 초산이 지방 파괴 단백질을 대량 생산하는 유전자를 활성화시켰다.

3) 식초가 실제로 체내 지방 축적과 비만을 예방할 가능성이 크다.

4) 식초는 체내에 지방이 쌓이는 것을 방해해 결과적으로 비만을 예방한다.

미국 미네소타 주 연구팀은 참가자 120명 중 절반에게는 8주간 사과 식초를 먹게 하고 나머지에겐 발사믹 식초(Balsamic Vinegar)가 2% 들어간 물인 가짜 약을 먹였다. 이 연구 결과는 영국 일간지 〈데일리메일〉에 2010년 11월 22일 보도되었다.

1) 사과 식초를 먹은 사람들의 고밀도 지단백 콜레스테롤(HDL) 수치가 높아진 것으로 나타났다. 고밀도 지단백 콜레스테롤(HDL)은 몸에 좋은 작용을 하는 콜레스테롤이고, 저밀도 지단

백 콜레스테롤(LDL)은 몸에 나쁜 작용을 하는 콜레스테롤이다.
2) HDL은 혈관벽을 막는 지방 덩어리를 제거하는 역할을 해 혈관질환과 심장병까지 예방하는 효과가 있다.
3) 사과 식초는 관절염과 장에 좋고, 나쁜 콜레스테롤 수치를 낮추는 대신 좋은 콜레스테롤 수치를 높였다.
4) 식초는 체지방 분해를 촉진하는 역할을 한다.

박의현 교수가 이끄는 세종대학 연구팀은 후추의 강한 자극성 물질로 매운맛을 내는 피페린(piperine)에 대해 분석했다. 이 연구 결과는 〈webmd〉에 2012년 5월 4일 보도되었다.

1) 검은 후추가 지방세포의 생성을 막아 주기에 다이어트에 효과가 있다.
2) 검은 후추에 함유된 피페린이 새로운 지방세포 생성에 반응하는 유전자 활동을 방해함으로써 궁극적으로 비만 관리에 도움이 된다.
3) 만약 이러한 효능이 더 확실히 검증된다면 지방과 연관된 비만 치료에 후추를 추가하거나 향후 잠재적으로는 비만과 연관된 지병 치료에도 활용될 수 있을 것이다.

가톨릭대학 식품영양학과 손숙미 교수는 2006년 11월 8일 다음과 같이 말했다.

"카레의 커큐민 성분을 먹으면 발열작용을 일으켜 에너지 소비를 촉진하게 돼 비만 예방에 도움이 된다."

미국 터프츠 대학 연구팀은 강황이 체중에 미치는 영향을 관찰하기 위해 쥐 실험을 했다. 한 그룹에는 고지방 먹이만, 다른 그룹에는 고지방 먹이와 함께 강황의 커큐민 성분(카레가 노란색을 띠게 만드는 성분)을 500mg씩 먹게 했다. 12주가 지난 뒤에 상태를 관찰했다. 이 연구 결과는 〈영양학 저널(Journal of Nutrition)〉(2009년 5월호)에 발표되었으며, 영국 일간지 〈데일리메일〉 온라인판에 2009년 5월 21일 보도되었다.

1) 커큐민을 함께 먹은 쥐는 고지방 먹이를 먹었는데도 불구하고 체중이 크게 늘지 않고 혈중 콜레스테롤도 높아지지 않았다.

2) 강황이 지방 축적을 억제해 몸무게 증가를 막아 주었다.

3) 고지방 먹이를 먹으면 새로운 혈관이 생기면서 지방조직이 확장돼 체중이 늘어나게 되는데, 커큐민을 먹은 쥐는 새로운 혈관이 덜 생기면서 지방 축적이 억제됐다.

한국 식품과학회는 ㈜오뚜기 후원으로 2012년 4월 26일 '제3회 카레 및 향신료 국제 심포지엄'을 개최했다. 미국 퍼듀 대학 김기홍 교수는 '커큐민의 비만과 내장 기능 장애에 대한 조절'에 대해 발표했다. 주요 내용은 다음과 같았다.

1) 비만은 대사질환뿐만 아니라 내장 기능에도 영향을 미쳐 염증 반응 등을 동반하는 것으로 알려져 있다.

2) 커큐민은 지방세포의 분화를 억제한다.

3) 커큐민은 비만과 관련된 내장기능의 저하를 억제한다. 비만 호르몬인 렙틴이 소장세포의 기능과 세포 간의 결합을 조절한다.

이 심포지엄에서 '카레 및 향신료의 항당뇨 및 항동맥경화 효과'에 대해 발표한 영남대학 조경현 교수의 한마디.

"향신료는 독특한 풍미 이외에도 항산화, 항염증 효과 때문에 동서양에서 예방과 치료를 위한 식품 첨가물로 널리 사용되어져 왔다."

박덕은 박사의 건강 상식 · 22

체내에 지방이 쌓이는 것을 방해하여 비만을 예방하는 식초, 후추, 카레를 먹자.

23
홍삼을 먹어야

이화여대 의과대학 순환기내과 정익모 교수는 관동맥질환자를 대상으로 홍삼을 10주간 복용하도록 했다. 이 연구 결과는 2011년 10월 31일부터 11월 2일까지 부산 벡스코에서 열린 한국식품영양과학회 국제심포지엄에서 '미래식품으로 가기 위한 기능적 융,복합 및 체계적 접근'이라는 주제로 발표되었고, 〈헬스조선〉에 2011년 10월 26일 보도되었다.

1) 홍삼이 동맥 경화, 비만, 당뇨병 등의 대사성질환 개선에 효과가 있는 것으로 나타났다.

2) 홍삼이 관동맥질환자의 혈관내피세포 기능 및 혈관경직도를 개선하는 등에 효과가 있음을 확인했다.

3) 수축기 혈압이 141±7mmHg에서 129mHg로, 심장-고동맥 맥파 속도가 1136cm/s에서 1006cm/s로, 상완발목맥파 속도가 1794cm/s에서 1468cm/s로 모두 감소했다.

4) 혈관내피세포 기능 의존성 혈관 확장 기능은 3.49%에서 5.50%로 호전됐다.

5) 이러한 효과는 홍삼의 진세노사이드 성분이 혈관세포의 항산화기능을 개선했고, 실험 시작 전에 식생활 교정을 병행했기 때문이다.

한국인삼공사 인삼연구소 송용범 박사는 고지방식으로 비만이 유도된 쥐에게 홍삼 추출물(1%)를 섭취하도록 했다. 이 연구 결과는 다음과 같았다.

1) 대조군에 비해 체중과 간 무게, 총 간 지질 무게가 각각 18.5%, 29.7%, 17.8% 감소했다.

2) 간 총 콜레스테롤, 간 중성지방의 증가를 각각 36.4%, 14.8% 억제시켰다.

3) 홍삼 추출액은 체내 지질을 감소시켜 인슐린의 사용을 원활하게 조절해 비만과 관련된 렙

틴(leptin, 식욕억제호르몬)의 양을 감소시키고, 당 대사를 원활하게 돕기 때문이다.

경희대 약학대학 정성현 교수의 한마디.

"홍삼의 사포닌 성분이 탄수화물과 지질 대사에 관여하는 AMPK(AMP-activated protein kinase) 단백질 성분을 활성화시킴으로써, 당뇨, 비만, 비알코올성지방간 등 대사질환을 개선시켜 준다."

미국가정의학회(AAFP), 유럽연합식품안전위원회(EFSA)에서는 홍삼의 부작용을 우려해 건강식품으로 복용할 경우 하루 2g이내, 복용 기한을 3개월 이내로 제한하고 있지만 아직 우리나라에서는 이에 대한 명확한 기준이 없는 실정이다.

참사랑 경희 한의원 이호철 원장의 한마디.

"홍삼은 건강식품으로서 좋은 효능이 있으나 고혈압 환자에게 악영향을 줄 수 있으며, 오남용할 경우 불면증, 피부염, 가려움증이 생길 수 있으며 심할 경우 뇌졸중, 뇌경색을 유발할 수 있다. 특히 홍삼을 자주 접하는 노인의 경우 생리 특성상 대사가 느려지고 배설이 되지 않는 변비 현상 등의 부작용도 초래할 수 있다. 홍삼 제품을 장기 복용할 경우 복용 전에 전문의의 상담을 받는 것이 필수적이다."

박덕은 박사의 건강 상식 · 23
동맥 경화, 비만, 당뇨병 등의 대사성질환 개선에 효과가 있는 홍삼을 먹자.

24
발효식품을 먹어야

전북대 의과대학 채수완 교수는 과체중이거나 비만인 성인 남녀 180명을 무작위로 선정하여 12주간에 걸쳐 청국장·된장·고추장 등을 꾸준히 먹은 집단과 먹지 않은 집단의 신체 전반 및 복부지방의 분포 변화를 관찰했다. 이 연구 결과는 2010년 11월 18일 서울 코엑스에서 열린 '발효식품의 세계화 방안 국제 심포지엄'에서 '발효식품의 인체 기능성'이라는 주제로 발표되었다.

1) 청국장을 먹은 집단(하루 26 g 섭취)의 경우 '무지방 신체질량 비율(지방이 없는 비율)'이 실험 전에 비해 0.1% 이상 향상됐고, 컴퓨터단층(CT) 촬영으로 본 복부 내장의 지방 부위 및 몸에 해로운 저밀도 콜레스테롤을 만드는 물질인 아포지방단백B와 당단백질 등이 실험 전에 비해 현저히 감소했다.

2) 청국장을 먹지 않은 집단은 실험 전과 비교해 큰 차이가 없었다.

3) 된장을 먹은 집단에서도 하루 9.9 g 씩을 꾸준히 섭취했는데, 12주 후에 체중이 크게 줄었으며, 특히 CT 촬영에서 나타난 내장비만도가 0.94에서 0.62로 실험 전보다 무려 34%나 감소했으며, 동맥경화와 직접적인 관계가 있는 혈액 속의 총 콜레스테롤과 고밀도단백지수도 크게 낮아진 것으로 조사됐다.

4) 고추장을 먹은 집단(하루 32 g 섭취)에서도 무지방 신체질량·아포지방단백B 면에서 상당한 개선 효과를 보였고, 콜레스테롤과 함께 동맥 경화를 일으키는 혈액 속의 지방 성분인 트리글리세드도 개선됐다.

5) 이는 청국장 등의 콩 발효식품은 콩 자체에 건강 증진 물질이 들어 있으며 발효 과정에서도 대사산물을 함유하고 있기 때문이다.

부산대학 식품영양학과 연구팀은 흰쥐를 이용한 실험을 통해 '고추장이 비만 억제에 미치는 영향'을 연구했다. 이 연구 결과는 2011 년 9월 15일 언론에 발표되었다.

1) 고추장은 고춧가루보다 체지방 감소와 지방 분해 효과가 높은 것으로 나타났다.
2) 발효 숙성된 전통 고추장이나 공장식 상품의 고추장은 고지방식으로 인한 체중 증가를 감소시켰다.
3) 발효되지 않은 고추장은 고춧가루와 비슷한 감소 효과가 있었으며, 발효된 전통 고추장이나 공장식 상품의 고추장에 비해 체중 감소 효과가 높지 않았다.
4) 발효된 전통 고추장은 높은 체중 감소 효과와 함께 부고환 지방 및 신장 주위 지방조직의 총 지방, 콜레스테롤 함량을 낮추는 효과가 있었다.
5) 발효되지 않은 고추장은 체중 감소 효과가 크지 않은 것으로 봐서 발효된 고추장이 체중 및 지방조직 감소에 크게 영향을 준 것 같다.

전라북도 순창군 장류연구사업소 한금수 소장의 한마디.
"고추장은 에너지 대사를 촉진하기 때문에 다이어트에 도움이 된다. 고추의 매운맛 성분인 캡사이신이 지방조직의 활성을 증가시켜 체지방 축적을 억제하기 때문이다."

박건영 교수가 이끄는 부산대 식품영양학과 연구팀은 실험용 쥐(143g 가량)를 5그룹으로 나눠 30일간 관찰했다. A그룹은 고지방 먹이를, B그룹은 고지방 먹이에 된장을 10% 추가하고, C그룹은 고지방 먹이에 쌈장을 10% 추가하고, D그룹은 고지방 먹이에 고추장을 10% 추가하고, E그룹은 일반 먹이를 먹게 했다. 이 연구 결과는 다음과 같았다.

1) 비만 억제에 효과가 있다고 밝혀진 고추장보다 된장이 훨씬 효과는 뛰어났다.
2) 고지방 먹이를 먹은 쥐는 체중이 287.4g으로 늘었으나 고지방 먹이에 된장을 10% 추가해 먹은 쥐는 246.6g, 쌈장을 10% 추가해 먹은 쥐는 258g, 고추장을 10% 추가해 먹은 쥐는 263.1g으로 늘었다.
3) 된장, 쌈장, 고추장을 추가해 먹은 쥐들의 체중 변화는 모두 고지방 먹이가 아닌 일반 먹이

를 먹은 쥐(269.2 g)보다 적은 것으로 조사됐다.

4) 된장의 주원료인 콩이 발효 과정에서 펩타이드로 분해되고 발효가 더 진행되면 아미노산으로 쪼개지는데 이것이 비만 억제 효과를 발휘하는 것으로 추정된다.

생청국장을 먹기 시작한 뒤 1년 6개월 만에 몸무게를 15kg 감량한 호서대학 생명공학과 김한복 교수는 인터넷 사이트 '청국장닷컴(chungkookjang.com)'을 개설하여, 청국장의 효능을 널리 알리며 '청국장 먹기 운동'을 전개하고 있다.

1) 하루에 청국장을 한 숟가락 먹으면 건강과 다이어트 효과를 동시에 볼 수 있다.

2) 가공하지 않은 콩을 익혀서 먹으면 인체의 흡수율은 60%밖에 되지 않는다. 이런 콩 단백질의 흡수율은 동물 단백질의 흡수율보다 떨어진다.

3) 청국장으로 발효시키면 콩은 바실러스균에 의해 분해돼 콩 성분의 인체 흡수율이 98%에 이른다.

4) 청국장은 발효되면서 원재료인 콩에는 많지 않거나 아예 없는 비타민B1, B2, B6, B12 등의 비타민과 칼슘, 포타늄 같은 미네랄이 풍부해진다.

5) 청국장에 들어 있는 각종 비타민과 미네랄은 인체의 신진대사를 촉진해 영양분이 지방으로 축적되는 것을 예방한다.

6) 청국장 속에 들어 있는 레시틴과 사포닌은 과다한 지방을 흡수해 몸밖으로 배출하는 역할을 한다.

김치의 효능에 대해 성균관대 의과대학 삼성서울병원 건강의학센터 영양상담실 이선희 과장과 가정의학과 이정권 교수의 견해를 종합해 보면 다음과 같다.

1) 다양한 생리적 효능이 있다.

2) 항균 효과, 항산화 효과, 항암 효과, 비만 방지 효과뿐만 아니라 면역 활성을 증대시키는 효과가 있다.

3) 영양 면에서도 매우 우수한 식품이다.

4) 김치의 주재료인 배추, 무, 열무, 갓, 고추, 파, 마늘, 생강 등에는 많은 양의 항산화 영양소인 비타민A · C와 무기질, 섬유질이 들어 있다.

5) 각종 비타민이 풍부하다.

6) 발효 과정을 거쳐 맛있게 익게 되면 특히 비타민C가 많아지고 고추, 무청, 파, 갓, 열무 등의 녹황색 채소가 많이 섞여 있어 비타민A(카로틴)가 풍부하다.

7) 성인이 배추, 열무 등의 김치(약 40~60g)를 하루 3회 먹을 경우, 한국인 일일 비타민C 권장량인 100mg의 1/3 정도를 섭취하는 것과 같다. 비타민C는 배추김치에 17~25mg, 열무김치에 30~45mg이 들어 있다.

8) 김치가 발효되어 생기는 유산균(젖산균)은 발효 과정에서 장내에 유용한 미생물의 증식에 도움이 되며 대장암 예방에도 좋다.

9) 발효식품으로 인한 고유한 풍미가 식사에 즐거움을 더해 준다.

10) 김치에 들어가는 다양한 채소들은 열량이 적고 식이섬유를 많이 함유하고 있어 체중조절에 도움을 주고, 특히 고추의 캡사이신 성분이 지방을 연소시켜 다이어트에 효과적이다.

11) 김치에 들어 있는 각종 채소의 식이섬유와 향신료, 유산균은 나쁜 콜레스테롤을 떨어뜨려 각종 성인병의 예방 및 치료에 도움을 준다.

서울대학 정가진 교수는 서울에서 열린 제3회 국제김치컨퍼런스에서 '김치 유산균의 효능'에 대해 2011년 9월 16일 발표했다. 주요 내용은 다음과 같았다.

1) 김치 유산균이 내장지방의 축적을 감소시켜 주었다.

2) 김치 유산균의 배양액에는 1.2~1.8% 정도의 젖산이 들어 있어 알코올을 에스테르화시켜 무독화시키는 효과도 있었다.

3) 김치 유산균을 섭취하면 내장지방의 축적 감소, 알코올의 무독화, 미백 효과, 세포 분화 촉진, 항산화 효과, 항세균 효과 등 다양한 효과가 있다.

4) 김치와 김치 유산균에 더 많은 유용한 효과가 있다고 기대하며 김치 유산균의 메커니즘을 규명해 김치가 건강기능식품으로 확실한 위상을 다질 수 있도록 해야 한다.

영양학 분야의 세계적 학술지인 〈뉴트리션 리서치〉에 2011년 11월 발표된 주요 내용은 다음과 같았다. 이는 〈MBC〉에 2011년 11월 2일 보도되었다.

1) 비만 환자 22명을 대상으로 매끼 100g씩 김치를 먹도록 했더니, 생김치를 먹은 사람은 한

달에 평균 1.2kg이 빠졌고, 익은 김치를 먹은 쪽은 1.5kg이 빠졌다. 혈압도 생김치는 3.7, 익은 김치는 4.8이 떨어졌다.

2) 익은 김치는 체지방률, 혈당 수치, 콜레스테롤 수치를 낮추는 데도 효과가 있었다. 생김치보다 익은 김치의 효과가 더 컸다. 이는 김치가 익으면서 유산균 등의 유익한 균의 수가 1만 배에서 10만 배까지 늘어났기 때문이다.

아주대학 내분비내과 이관우 교수의 한마디.

"김치가 과연 인슐린 작용이 떨어진 비만 환자에게 효과가 있을까 했는데 인슐린 작용을 개선시키는 효과가 있는 것으로 밝혀졌다."

농촌진흥청 발효이용과 한귀정 과장의 한마디.

"식품의 발효는 그 식품이 가지고 있는 기능을 10배, 20배, 무한대로 늘어나게 할 수 있는 기능을 가지고 있다."

박덕은 박사의 건강 상식 · 24

식품이 가지고 있는 기능을 10배, 20배, 무한대로 늘어나게 할 수 있는 기능을 가지고 있고, 체중을 감소시켜 주는 발효 식품을 즐겨 먹자.

25
아침에 시리얼을 먹어야

영약학자 린 가튼가 이끄는 영국 옥스퍼드 브룩 대학 연구팀은 과체중이거나 비만인 사람 41명을 대상으로 6주 동안 아침과 점심에는 시리얼을 먹고, 저녁에는 뭐든지 맘대로 먹을 수 있게 했다. 이 연구 결과는 영국 영양재단이 발행하는 소식지에 2009년 2월 발표되었고, 영국 일간지 〈텔레그라프〉에 2009년 2월 17일 보도되었다.

1) 여러 시리얼을 돌아가면서 먹은 사람은 평균 2kg, 자기가 좋아하는 시리얼만 먹은 사람은 평균 590g 살이 빠졌다.

2) 살이 빠진 사람의 비율도 여러 시리얼을 섞어가며 먹은 사람에서는 78%에 달했지만, 좋아하는 시리얼만 고집한 사람은 66% 정도에 그쳤다.

3) 시리얼에는 철분, 식이섬유, 엽산, 아연 등이 들어 있고 지방 성분은 낮아 좋은 다이어트 식사가 된다.

4) 아침에 시리얼을 먹는 것은 다이어트 요법에 포함될 만하다.

> **박덕은 박사의 건강 상식 · 25**
> 철분, 식이섬유, 엽산, 아연 등이 들어 있고 지방 성분은 낮아 좋은 다이어트 식품인 시리얼을 먹자.

26
한식을 먹어야

인제대학 서울백병원 강재헌 교수는 호주인을 대상으로 한식과 서양식 2그룹의 섭취군으로 나눠 실험했다. 이 연구 결과는 농촌진흥원이 개최한 '한식의 인체 적용 연구 국제 워크숍'에서 '한식과 비만 관련 대사질환'이라는 논문 제목으로 2011년 5월 4일 발표되었다.

"한식 섭취군에서 허리둘레 및 체지방 감소가 더 크게 나타나는 등 한식이 복부비만 감소에 더 효과적이었다."

영양 만점인 한식 다이어트에 대한 여러 연구 결과들이 발표되었는데, 균형 잡힌 영양 섭취가 가능한 한식은 날씬한 몸매를 유지하기 위한 효과적인 방법이다라는 결론에 이르렀다.

손정민 교수가 이끄는 원광대학 식품영양학과 연구팀은 호주 시드니에 거주하고 있는 사람들을 대상으로 한식군과 양식군 각각 35명을 12주 동안 비교했다. 이 연구 결과는 2011년 10월 13일 '영양의 날' 세미나에서 발표되었다.

1) 한식군의 체중 감소량은 0.47kg, 양식군은 0.25kg으로 한식을 먹은 사람들의 체중 감소 효과가 컸고, BMI(체질량 지수) 감소율도 각각 0.42, 0.27로 한식 섭취자가 높게 나타났다.

2) 한식의 만족도가 높을수록 체중 변화량에 영향을 크게 미쳐 복부비만 감소에 효과적이었다.

3) 한식이 당 대사의 기능 개선에 효과가 있었다.

4) 서구화된 식습관이 건강을 위협하는 주요 원인이다. 미국 등 서양인에게서 많이 나타나는 비만은 식단을 한식으로 바꾸면 좋아질 수 있다.

5) 한식은 균형 잡힌 영양을 제공한다. 밥은 맛과 색깔, 냄새 등이 강하지 않아 여러 가지 반찬을 끌어들이는 특성이 있고, 식단을 다양하게 구성할 수 있어 염분, 열량, 영양소 섭취량을 조절할 수 있다. 밥의 전분은 체내에서 서서히 소화되기에 혈당 상승이 느리고 포만감을 느끼게 해, 식사량을 줄일 수 있어 에너지 과잉 섭취를 막을 수 있다.

전북대 대학병원 김선형 영양팀장의 한마디.

"고혈압, 당뇨로 치료 중인 환자에게 한식을 제공한 후 이에 대한 개선 효과를 실험한 결과 한식을 많이 먹은 군에서 고혈압, 당뇨, 비만 등의 위험도가 감소됐다. 임상 대상자들에게 제공된 한식은 동물성 식품을 줄이고 식물성인 곡류, 나물류인 채소, 해조류, 콩류, 김치류와 발효식품의 비중이 높은 것들이었다."

호남대학 양은주 교수의 한마디.

"오색 오미를 가진 건강식인 한식 섭취를 통해 만성질환을 예방할 수 있다."

박덕은 박사의 건강 상식 · 26
허리둘레 및 체지방 감소와 복부비만 감소에 효과적인 한식을 즐겨 먹자.

27
식사요법의 기본 원칙을 지켜야

　체내 피하조직은 지방이 약 83%, 단백질 2%, 나머지는 물로 구성되어 있으며, 1㎏의 피하조직은 약 7,550kcal의 열량을 가지고 있다. 반면 제지방성분(lean body mass)은 단백질 25%, 탄수화물 25%로 구성되어 있어서 1㎏당 약 1,000kcal의 열량을 가지고 있다.

　수원대학 식품영양학과 임경숙 교수는 2006년 5월 '보건의 달' 학술 특집에서 '비만의 예방 및 치료를 위한 식사요법의 기본 원칙'을 다음과 같이 제시했다. 이는 2006년 4월 28일 언론에 보도되었다.

1) 에너지 섭취량 정하기: 가장 바람직한 체중 감소량은 일주일에 0.45㎏(1파운드) 내외이며, 이를 위해서는 하루에 필요한 에너지보다 약 500kcal씩 적게 섭취하면 된다.

2) 탄수화물 섭취하기: 탄수화물은 단백질에 의한 에너지 발생을 억제하고, 케톤증을 예방할 수 있도록 하루 50g 이상은 꼭 섭취해야 하며, 혈당지수(glycemic index)가 낮은 식품을 선택하도록 한다. 혈당지수가 높은 식품을 섭취하게 되면, 과량의 인슐린 분비에 뒤따른 저혈당에 의해 공복감을 더욱 빨리 느끼게 되며, 과식을 유발하고, 지방합성속도가 증가된다. 따라서 백미보다는 잡곡밥이 좋다. 또 보리, 콩, 우유, 사과 등이 저혈당지수 식품으로 적당하다. 일반적으로 총 에너지량의 55~60% 정도를 탄수화물에서 섭취해야 하며, 평소 섭취량의 반 정도는 꼭 섭취하도록 한다.

3) 단백질 섭취하기: 체내 질소 평형을 유지하기 위해서는 양질의 단백질을 충분히 공급하는 것이 필요하다. 건강한 성인의 경우 체중 1㎏당 하루 0.8~1g 정도의 단백질을 권장하나, 저지방식의 경우에는 표준 체중을 기준으로 1㎏당 1.2~1.5g의 단백질을 권장한다. 체지방이 소모될 때 근육단백질의 손실도 동시에 발생하지만, 단백질을 적절히 섭취하면 손실량을 최소로 줄일 수 있다. 단식, 저단백질 식사 또는 초저열량 식사 등은 체내 근육단백질을 빠르게 손실시키며, 탈모 등의 부작용이 유발되기도 한다. 단백질 급원으로 불완전단백질보다는 생선, 계란, 두부, 유제품 등 완전단백질의 형태로 공급하는 것이 중요하다.

4) 지방 섭취하기: 고지방 식사는 대부분이 포화지방 및 콜레스테롤 함량이 많아 심혈관계 질환의 위험률을 높인다. 그렇지만 지방의 섭취는 어느 정도 필요하다. 지방은 공복감을 덜 느끼게 하고, 음식의 질감을 풍부하게 하며 지용성비타민 및 필수지방산의 섭취에 중요하므로, 극도로 제한해선 안 된다. 지방 섭취량은 탄수화물 및 단백질 섭취량을 결정한 후 남은 에너지량 범위 내에서 고려해야 하며, 총 에너지 섭취량의 20~25%를 넘지 않도록 한다. 콜레스테롤도 하루 평균 300mg 이하 섭취하도록 한다.

5) 지방대체품의 사용 고려해 보기: 1971년 콜레스테롤 저하제로 개발된 Olestra(Procter & Gamble 사)는 설탕에 6~8분자의 지방산이 결합된 것으로서, 콜레스테롤 저하 효과는 미흡하였으나, 에스테르 결합이 분해되지 않아서 체내에서 소화, 흡수되지 않으므로 열량을 내지 않아 저지방 식품에 응용되고 있다. 1996년 FDA로부터 포테이토칩, 크래커 등 스낵제품에 사용이 허가되었다. 과량 섭취하면 설사를 할 수도 있다.

6) 비타민, 미네랄 섭취하기: 육류, 어류, 유제품, 채소 및 과일 등의 비타민과 무기질이 풍부한 식품을 다양하게 섭취하도록 한다. 남자 1,800kcal, 여자 1,200kcal 이하로 섭취하는 경우에는 별도의 영양보충제를 섭취하도록 한다.

7) 식이섬유 섭취하기: 식이섬유소는 포만감을 주며, 소화물의 부피를 증가시켜 배변 활동을 도우므로 식사 제한에 뒤따르는 변비의 예방에도 매우 좋다. 셀룰로오스, 헤미셀룰로오스, 리그닌 등의 난용성 섬유소는 대장의 기능을 개선시키는 효과가 뛰어나다. 펙틴질, 검(gum) 등의 수용성 섬유소는 물에 쉽게 팽윤하여 포만감을 주고, 콜레스테롤의 재흡수를 낮춤으로써 혈청지질 개선 효과가 좋다. 식이섬유소는 하루 20~30g 권장하며, 이보다 많은 고섬유소 식사를 장기간 하는 경우, 지용성 비타민이나 무기질 등의 미량영양소 흡수가 방해되므로 주의해야 한다. 식이섬유소는 채소와 해조류에 풍부하게 들어 있으며, 그 외 글루코만난(곤약), 사일리엄(Psyllium, 질경이 씨앗) 등을 활용하기도 한다.

8) 알코올 섭취하기: 알코올은 1g당 7kcal의 많은 에너지를 내며, 다른 영양소는 거의 없는 빈 에너지원(empty calorie)이므로 되도록 제한한다. 알코올은 간에서 분해되는 동안 지방의 산화를 방해하며, 섭취 후 포만감도 높이지 못하여, 다음 끼니의 식사 섭취량을 낮추지도 못한다. 또 함께 섭취하는 안주의 에너지도 비교적 높으므로 되도록 제한한다.

9) 수분 섭취하기: 에너지 섭취량을 줄이면 삼투성 이뇨에 따라 더 많은 수분이 필요하다. 특히 체중 감량 초기, 단백질 분해가 증가하면 질소화합물이 배설되면서 수분 배설량이 급증하게 되므로, 최소 하루 1리터 이상의 수분이 더 필요하다. 손실되었던 체수분이 다시 보충되면 체지방 분해는 지속되고 있음에도 불구하고 체중은 별로 변화가 없다.

10) 식품 선택하기: 식품 선택 기준은 열량 밀도가 낮으며, 비타민과 무기질이 풍부한 신선한 식품을 선택하도록 한다. 또한 동일한 식품이라도 기름에 튀기거나 볶는 대신, 찌거나 굽는 방법으로 조리된 것을 선택한다. 곡류는 백미보다는 현미, 보리, 콩, 팥, 조, 수수 등 섬유소와 미량영양소가 풍부한 잡곡밥이 좋다. 만복감을 증가시키기 위해서는 채소죽이나 생선죽 등의

죽류나, 짜지 않은 국수류도 좋다. 단, 라면이나 자장면 등은 피한다. 고기는 지방이 적게 함유된 살코기를 고르고, 햄이나 소시지 등의 가공육류는 지방이 많으므로 제한한다. 생선, 달걀, 콩류는 가공하지 않은 것을 사용하며, 매끼 한 가지 이상씩 먹도록 한다. 채소, 해초류는 섬유소가 많으면서 열량이 적으므로 많이 섭취해도 좋으며, 비타민이 많은 과일도 허용되지만 단순당질이 들어 있으므로 저녁 식사 이후에는 제한하는 것이 좋다. 마요네즈 등의 샐러드드레싱이나 기름 대신 초간장, 겨자, 우스터소스 등을 사용하여 조리한다. 우유 및 유제품은 되도록 저지방 제품을 사용한다. 전체적인 음식의 조미는 담백하게 하여 식욕이 항진되지 않도록 주의한다. 스낵 한 봉지(450kcal), 매실차 한 잔(100kcal), 자판기 커피 한 잔(80kcal) 등은 한끼 식사에 들어 있는 열량에 버금가므로 간식을 절제해야 한다.

전문가들이 말하는 '소아비만 예방법 8훈'은 다음과 같다. 이는 2006년 8월 6일 언론에 보도되었다.

1) 끼니를 거르지 않는다: 끼니를 거르거나 적당히 때우게 되면 하루 필요한 영양소를 채울 수 없다. 특히 아침에 일어나서 1시간 이내에 탄수화물과 단백질이 풍부한 식사를 해야 두뇌 회전이 빨라지고 인체의 대사 과정이 활기를 띠게 된다.

2) 지방이 많은 음식 섭취를 줄인다: 포화지방과 콜레스테롤이 낮은 음식을 선택해야 한다. 무조건 육류의 섭취를 제한하면, 성장기에 꼭 필요한 단백질이 부족할 수 있다. 지방을 제거한 살코기, 생선, 우유, 콩과 두부 등을 많이 먹는 것이 바람직하다.

3) 설탕과 소금 사용을 줄인다: 어릴 때 형성된 입맛은 평생을 간다. 설탕과 소금은 물론 조미료를 가능한 한 줄여서 사용하는 것이 좋다.

4) 신선한 채소와 과일을 많이 먹고, 저장 기간이 짧은 식품을 선택한다: 저장 기간이 길고 가공 단계가 복잡한 음식일수록 당연히 더 짜게, 더 달게 만들어야 하기 때문에 식품 첨가물이 많이 들어갈 수밖에 없다.

5) 먹는 행위 자체를 중요시한다: 텔레비전을 보면서, 부엌을 왔다갔다 하면서, 또는 공부를 하면서 먹지 않도록 한다. 반드시 식탁에 앉아서 먹어야 한다.

6) 하루 1~2 시간 이상 텔레비전과 비디오, 컴퓨터 앞에 앉아 있지 않도록 한다: 청소년이 인터넷 중독에 빠지면 대인기피증, 강박관념 등의 증상이 심화되고, 심한 경우에는 환각 등의 정신병 증세도 나타날 수 있다. 우선 인터넷 사용 시간을 제한하고, 사용 시간이 길 경우에는 운동이나 취미 활동으로 유도해 비만을 예방한다.

7) 자신이 사랑받고 있는 존재임을 인식시킨다: 어린이들은 3~5세가 되면 뚱뚱한 것에 대한 개념이 생긴다. 뚱뚱한 어린이는 외모에 콤플렉스를 갖게 되고 자신감을 상실한다. 뚱뚱하거나 말랐거나 자신이 사랑받고 있는 소중한 존재라는 것을 느끼게 해줘야 한다.

8) 운동을 규칙적으로 한다: 일주일에 3~5회 걷기, 달리기, 자전거 타기, 수영 등 산소 소비량을 늘리는 운동을 규칙적으로 한다.

참조: 2001년 국민건강영양조사 결과 한국인 1일 평균 소금 섭취량은 8~10g 내외(1g은 차 스푼으로 0.5개)로 나타났다. 세계보건기구(WHO)와 국제연합 식량농업기구(FAO)의 소금 권장량은 5g 이내다. 물론 고혈압, 당뇨병 등의 환자는 최대 5g으로 엄격히 제한된다. 한국인의 소금 섭취율은 양념에서 37.4%, 김치류에서 27.1%, 라면에서 4.5% 섭취하고 있다. 배추김치의 소금 함량은 3~4g(김치 60g 기준)이다.

2007~2008년 2세 이상의 미국인 7,000명을 대상으로 영양 관련 데이터를 분석한 결과 하루 평균 소금 섭취량은 3,300mg(일일 권장 섭취량은 2,300mg)으로 나타났다.

대전 선병원 가정의학과 김성택 과장의 한마디.

"2005년에 비해 2006년 체중이 매우 급격히 증가했으면 비만을 의심해 봐야 하며, 소아비만은 70% 이상이 너무 많이 먹고, 덜 움직이기 때문에 발생한다."

케리 보우텔레 교수가 이끄는 미국 UCSD 소아정신과 연구팀은 청소년 130명을 대상으로 체중 관리법과 생활습관을 조사했다. 연구팀은 이들의 체중 관리법을 4가지로 분류해서 조사했다.

첫 번째는 '건강 다이어트법'으로 적게 먹기, 운동하기, 기름진 음식과 패스트푸드 줄이기, 탄산음료 줄이고 물 많이 마시기, 과일과 채소 많이 먹기였고, 두 번째는 '건강에 해로운 다이어트법'으로 흡연, 식사 후 토하기, 변비약 또는 이뇨제 복용이었으며, 세 번째는 '식사에 극도로 변화를 많이 주는 다이어트법'으로 다이어트 약 복용, 단백질 강화 다이어트, 굶기였으며, 네 번째는 '체계적인 다이어트법'으로 먹은 음식 기록하기, 칼로리량 계산하기, 전문가와 상담하기였다. 이 연구 결과는 〈미국 영양학회 저널(Journal of the American Dietetic Association)〉(2009년 12월호)에 발표되었으며, 미국 건강 웹진 〈헬스데이〉, 온라인 과학 뉴스 〈사이언스데일리〉 등에 2009년 12월 4일 보도되었다.

1) 청소년들 중 62명은 체중 감량에 성공했고 나머지 68명은 실패했다.

2) 이들의 다이어트법과 체중 감량 성공 여부를 따져보니 '건강 다이어트법'의 성공률이 가장 높았다.

3) 식사에 극도로 변화를 많이 주는 다이아트법이나 체계적인 다이어트법도 체중 감량에 도움이 되긴 했으나 소수만 효과를 봤다.

4) 건강에 해로운 다이어트법은 전혀 효과가 없었다.

5) 몸무게를 수시로 체크하는 것도 체중 관리에 도움이 됐다.

6) 매주마다 체중을 체크하는 청소년이 매달 한 번도 체크하지 않는 청소년보다 체중 관리를 더 잘했다.

7) 다이어트에 왕도가 없지만 긍정적인 생각이 체중을 줄일 수 있게 한다.

8) 채소와 과일은 많이, 기름진 음식은 덜 먹으며, 앉아 있는 시간을 줄이는 것이 유일한 비만 탈출의 비법이다.

한국 건강관리협회 광주 · 전남지부 윤정웅 원장이 2012년 1월 권장한 '복부비만에서 벗어나는 5가지 방법'은 다음과 같다.

1) 하루 세 번의 식사를 거르지 않는다: 식사를 거르면 우리 몸이 영양분을 제때 보충 받지 못하면서 균형이 깨지고, 신진대사가 원활하지 못해 영양소가 소비되지 않고 쌓이기를 반복해 뱃살이 늘게 된다. 거르기 쉬운 아침 식사는 반드시 챙기는 습관을 들인다.

2) 식사는 여유롭게 즐기면서 한다: 음식은 20분 이상 천천히 먹는다. 뇌에서 포만감을 느끼려면 최소한 20분의 시간이 걸리기 때문에 급하게 먹다보면 과식하기 쉬워 몸무게가 늘기 마련이다. 또 음식을 꼭꼭 씹어 먹어야 식사 시간도 길어지고 음식맛도 제대로 음미할 수 있다.

3) 저녁 6시 이후에는 금식한다: 활동량이 줄어드는 저녁 시간에 식사를 하면 먹은 만큼 에너지가 소비되지 않아 당연히 뱃살이 늘어난다. 적어도 잠들기 4시간 전에는 아무것도 먹지 않

는 것이 좋다. 잠자기 전에 먹게 되면 밤시간과 자는 동안에는 부교감신경이 주로 작용해 지방이 몸에 축적되기 쉽다.

4) 하루에 8잔 이상의 물을 마신다: 물은 세포 안에 쌓은 노폐물이나 독소를 배출해 신진대사를 원활하게 하는 작용을 한다. 우리 몸의 근육조직이 지방을 연소시켜 에너지를 낼 때 가장 필요한 것이 물이다. 매일 하루에 8~10컵 정도의 물만 마셔도 일 년에 약 2.6㎏ 정도의 체지방이 빠진다.

5) 술을 마실 때는 안주에 주의한다: 술은 생각보다 칼로리가 높은 식품이다. 특히 곁들이는 안주는 복부비만의 주원인이다. 과일이나 마른안주, 회 등 비교적 칼로리가 낮은 안주를 조금씩 먹는 것이 좋다. 무엇보다 술자리는 한 달에 2~3번 이상 갖지 않는 것이 바람직하다.

미국 〈MSNBC 방송〉은 2012년 3월 5일 '당신이 살이 찌는 의외의 함정 5가지'를 다음과 같이 소개했다.

1) 탄수화물 주의: 앨라배마 대학 연구팀은 탄수화물 함량을 43% 이내로 줄인 식사를 하면 탄수화물이 55% 포함된 식사에 비해 포만감이 더 높으면서 혈당량에 미치는 영향은 더 미미하다는 연구 결과는 내놓았다. 탄수화물보다는 달걀같이 단백질이 풍부한 음식을 먹어야 한다. 베이글(도넛형의 딱딱한 롤빵) 대신 달걀을 먹으면 65%나 더 체중 감량 효과가 있다.

2) 소금 주의: 소금 함량이 높은 음식을 많이 먹으면 비만으로 이어진다. 미국 플로리다 대학 연구팀이 실시한 조사에서 마약 중독자들이 약물을 끊는 과정에서 염분이 많이 함유된 음식을 더 자주 찾는 것으로 나타났으며, 이들의 체중은 6.6%나 늘어났다.

3) '건강식' 주의: '자연산'이니 '다곡류(multigrain)'니 하는 말로 유혹하는 음식을 더 주의해야 한다. 이런 음식은 과식하기 쉽다.

4) 콤보 메뉴(묶음 메뉴) 주의: 두 가지 이상의 메뉴를 한 접시에서 맛볼 수 있는 콤보 메뉴는 단품 메뉴에 비해 불필요한 열량이 수백 칼로리나 더 들어 있기 때문에 주의가 필요하다. 미국의 '공공정책 및 마케팅 저널(Journal of Public Policy & Marketing)'에서도 이 사실을 밝힌 바 있다.

5) 설탕 주의: 디저트는 칼로리가 없으면서 에너지를 얻게 해준다고 하나, 디저트 속의 설탕은 '설탕 중독'의 주범이다. 미국의 경우 설탕 중독이 어린 나이 때부터 심해지고 있다. 미국 어린이들을 조사한 바에 따르면 하루 섭취 열량의 16%를 탄산음료, 빵, 시리얼, 사탕, 과일음료 등의 당분에서 얻고 있다.

28
다이어트 요령을 알아야

전문가들이 권하는 남자 다이어트 요령 8가지는 다음과 같다.

1) 20, 30대 남성은 지방 8~20% 감소를 목표로 한다: 몸의 지방률을 측정한다. 보통 체질량 지수(BMI) 18.5~24.9를 목표로 잡는다. 근육량이 많다면 BMI가 더 높게 나올 수 있다. 몸의 지방 비율을 줄이는 목표는 20~39세 남자는 8~20%, 40~59세는 11~22%, 60~79세는 13~25%로 한다.

2) 살에 대한 모욕을 충고로 받아들인다: 대부분 남자들은 다른 사람들이 "살쪘네, 뱃살 좀 봐"라고 얘기해도 새겨듣지 않는 경향이 있다. 살 때문에 모욕을 받았다면 지금 모습에서 변화해야 할 필요성을 느끼게 해주는 충고로 받아들여야 한다.

3) 다이어트가 아니라 식습관 바꾸기다: 다이어트가 달갑지 않다면 굳이 할 필요 없다. 대신 먹는 습관을 좋게 할 방법에 초점을 맞춘다. 그러면 체중은 줄어든다. 뭔가 덜어낸다는 느낌이 아니라 건강한 음식을 먹는다는 식으로 접근해야 거부감이 적어진다.

4) 여자는 최고의 지원군이다: 애인이나 아내에게 도움을 청하면 좋다. 대부분 여성은 지방을 줄이겠다는 당신의 발언을 기쁘게 받아들일 것이다. 그리고 건강한 음식을 먹도록 도와줄 것이다.

5) 식습관 기초만 잘 따르면 절반은 성공이다: 건강한 식습관을 따른다. 과일, 채소, 곡물을 더 많이 먹는다. 연어, 고등어, 참치 같은 생선을 일주일에 두 번 정도 먹는다. 저지방 식품을 선택한다. 적색 고기와 닭고기를 먹을 때는 단백질이 풍부한 살코기만 골라 먹는다. 유기농 식품이며 신선하고 가공되지 않은 음식을 선택하고, 튀기거나 기름진 음식은 줄인다. 염분과 당분 섭취를 줄인다. 하루에 술 3~4잔 이상은 마시지 않는다.

6) 좋은 탄수화물은 친구다: 특히 도정하지 않은 곡물로 만든 시리얼이나 파스타, 현미, 곡물빵, 쌀죽 등은 포만감과 에너지 유지에 도움이 된다.

7) 과일과 채소를 5:5 비율로 한다: 하루에 과일과 채소를 5:5 비율로 먹으면 좋다. 아침에 신선한 과일주스를 마시거나 점심 전에 사과 하나를 먹는다. 점심때는 토마토 샌드위치를 먹고, 저녁에는 양파와 버섯이 잔뜩 들어간 스파게티을 먹으면 좋다.

8) 술 마시기 전에 밥부터 먼저 챙겨 먹는다: 술 마시기 전에 균형 잡힌 식사부터 한다. 그러면 술집에서 기름진 안주를 덜 먹을 수 있게 된다. 적당한 식사를 할 만한 시간이 없을 경우에는 통밀 샌드위치 등으로 간단히 배를 채우면 좋다.

미국 매사추세츠 대학 연구팀은 다음과 같이 권했다.

1) TV를 보며 식사하지 않는다면 하루 식사량을 300kcal 가량 줄일 수 있다.
2) TV 앞에서 식사를 하거나 영화를 보면서 간식을 먹으면 화면에 열중하여 포만감을 느끼지 못하기 때문에 과식할 가능성이 그만큼 높다.

미국 시사주간지 〈유에스 뉴스 앤드 월드리포트〉는 미국 듀크 대학 제니퍼 니 교수(소아순환기 전공)가 추천한 '아이들의 콜레스테롤 수치를 낮추기 위해 가족이 도와줄 수 있는 6가지 방법'을 2008년 7월 소개했다.

1) 운동 같이하기: 운동화를 신고 하루 최소 30분 이상 땀 흘리는 운동을 아이와 함께한다. 아이들은 가족의 응원이 필요하다. 아이들이 살을 빼려면 축구, 농구, 수영, 자전거, 달리기 등을 해 심장 박동을 늘려야 한다.
2) 목적에 맞게 식료품을 구입하기: 몸에 해로운 성분이 많고 칼로리만 높은 인스턴트 식품 같은 정크푸드, 스포츠 음료를 포함해 단맛이 나는 음료수 등은 버려야 한다. 과일과 채소를 많이 먹게 하고, 섬유질이 많이 든 음식을 아이와 함께 먹어야 한다.
3) 천천히 먹고, 음식 섭취를 통제하기: 부모들부터 급하게 먹는 습관을 버려야 한다. 아이들이 먹을 것을 가지고 돌아다니게 하지 말아야 한다. 가족이 함께 식사하도록 노력해야 한다.
4) TV나 컴퓨터 게임 시간 제한하기: 하루 평균 6시간 이상 TV 시청이나 컴퓨터 게임 하는 것을 통제해야 한다. 아이들이 운동을 했을 때 보상으로 TV 시청이나 컴퓨터 게임을 허락하는 정도로 제한해야 한다.
5) 수(數)를 알기: 가족의 혈압, 콜레스테롤, 혈당치 등에 대해 관심을 가져야 한다. 수치를 알면 빼야 할 몸무게나 줄여야 할 혈당치 등 목표를 정하기가 쉽다.
6) 비만 캠프 등을 활용하기: 비만 예방을 위해 여러 단체에서 운영 중인 체중 감량 프로그램이나 영양, 심리상담 등은 아이들에게 살을 빼는 동기를 부여할 수 있다.

다이어트 책을 쓰고 영양학을 전공한 다운 잭슨 블레트너는 '집안 환경만 바꿔도 다이어트에 한결 도움이 되는 8가지'를 2011년 4월 다음과 같이 소개했다. 이는 〈US 헬스뉴스 리뷰〉에도 2011년 4월 11일 보도되었다.

1) 집안을 밝게 하기: 미국 캘리포니아 주립대학 어바인캠퍼스 연구팀은 사람은 어두운 공간에 있으면 음식을 더 먹게 된다는 연구 결과를 내놓았다. 사람은 어두운 공간에서는 통제력이 떨어지는데, 식욕에 대해서도 마찬가지다.

2) 밥 먹을 때 시계나 라디오를 곁에 두기: 한끼 식사할 때 천천히 먹으면 급히 먹는 것보다 평균 70kcal(매일 200kcal 가량)를 덜 먹게 된다. 저녁 식사는 최소한 30분 이상 여유 있게 먹어야 한다. 시계를 보면서, 또는 라디오 음악을 들으면서 마음을 가라앉히면 천천히 먹을 수 있다.

3) 실내 온도 낮추기: 비만에 관한 학술지 〈비만 리뷰(Obesity Reviews)〉는 집안 온도가 높으면 몸이 퍼지기 쉽다고 보도했다. 집안 온도가 낮으면 사람은 스스로 몸을 움직여 체온을 높이게 된다. 너무 춥게 하는 것은 바람직하지 않지만 실내 온도는 낮게 유지하는 게 좋다.

4) 접시 크기 줄이기: 사용하는 접시 크기에 따라 사람의 먹는 양은 22%까지 차이가 난다. 또 큰 수저를 사용하면 작은 수저를 사용할 때보다 14%를 더 먹게 된다. 음식을 옮겨 담을 때, 접시는 지금보다 작은 것을 쓰는 게 좋다.

5) 냉장고에 음식 지혜롭게 보관하기: 코넬 대학 연구팀은 냉장고 속의 눈에 잘 보이는 곳에 건강에 좋은 과일이나 채소를 넣어두면 살을 빼는 데 도움이 된다고 권고했다. 맥주, 치즈, 초콜릿 등 살찌게 하는 음식은 잘 안 보이는 아래 칸에 넣어 두는 게 좋다.

6) 파란색 벽지로 바꾸기: 맥도날드가 노란색과 빨간색으로 매장을 치장한 이유는 이 색깔들이 식욕을 자극하기 때문이다. 인테리어 디자인 잡지 〈콘트랙트(Contract)〉는 파란색 계열의 방은 식욕을 떨어지게 해 1/3은 덜 먹게 된다고 말했다.

7) 거울 치우기: 〈건강 심리학(Health Psychology)〉은 거울에 자기 모습을 자주 비춰보는 것은 몸을 덜 움직이게 하고 '난 안 돼'라는 생각을 많이 하게 하므로, 집에는 최소한의 거울만 놓아두는 게 좋다고 권고했다.

8) 집안에 좋은 향이 나게 하기: 특별한 향은 후각을 자극해 다이어트에 도움이 된다. 자스민 향은 신체 활동을 더하게 하고, 라벤더 향은 깊은 잠을 자게 해 수면장애로 인한 체중 증가를 막아 주며, 사과 향과 박하 향은 식욕을 억제시켜 주는 효과가 있다.

WE클리닉 조애경 원장, ND케어클리닉 박민수 원장, 〈거친 음식이 사람을 살린다〉의 저자인 강릉대 식품과학과 이원종 교수, 〈헬스조선〉, 〈타임〉지 등이 권하는 비만 탈출 비법을 요약 정리해 보면 다음과 같다.

1) 비만을 해결하는 가장 좋은 비법은 '비만한 사람이 결코 되지 않겠다'는 자기 신념을 갖는 것이다. 자신이 하고자 하는 바를 강한 신념을 가지고 추진하면, 비만을 예방할 수 있을 뿐만 아니라 비만한 사람도 정상적인 상태의 몸을 갖게 될 것이다.

2) 운동을 통해서 살을 빼는 것이다. 비만은 운동 부족과 게으름에서 온다. 비만한 사람이 운동량이 부족하면 많이 먹지 않아도 계속 살이 찌게 되므로 어떠한 일이 있어도 운동을 해야 한다.

3) 비만은 필요 이상으로 많은 음식 그중에서도 고지방을 섭취하기 때문이다. 따라서 지방 이외의 영양소, 무기질, 비타민을 주로 섭취하도록 식사 습관을 바꿔야 한다.

4) 일반적으로 '다이어트' 하면 끼니를 거르는 것으로 생각하는 사람들이 많은데, 다이어트의 핵심은 '끼니를 거르지 않는 다이어트를 해야 한다. 보통 먹는 양의 1/3만 줄여도 500kcal 정도 줄일 수 있다. 전체 반찬은 고르게 먹되, 밥의 양과 고칼로리 반찬의 양만 30% 줄이면 된다'에 기초를 둬야 한다.

5) 평소보다 10% 적게 먹어야 한다. 세계 각지의 장수촌 노인들에게서 공통으로 발견되는 특징은 보통 사람들에 비해 저칼로리식을 즐긴다는 점이다.

6) 대학에서 실시한 대규모 칼로리 제한에 대한 실험 결과는 '칼로리 제한이 수명을 안전하게 연장시킨다'였다.

7) 100세를 산 일본의 저명한 건강학자인 히노하라 시게아키는 "나는 하루에 1,300kcal만 섭취했다"라고 말했다.

8) 칼로리는 높고 영양이 부족한 음식을 먹으면, 몸이 부족한 영양소를 채우기 위해 식욕을 일으켜 자꾸 먹게 한다. 이런 빈껍데기 식사는 면역력을 떨어뜨려 신종플루나 감기 같은 각종 전염성 질환에 잘 걸리게 한다.

9) 달콤한 맛의 중독에서 벗어나야 한다. 현대인들은 자극적인 맛에 길들여져 있는데, 이런 음식들은 칼로리는 높은 반면 비타민과 미네랄 등 필수영양소는 부족한 빈껍데기 음식일 가능성이 높고, 비만을 부추긴다.

10) 부드럽고 잘 넘어가는 음식은 입맛을 조급하게 만들어 과식과 폭식을 유발하지만, 각종 채소나 배아가 살아 있는 곡류, 통째 먹는 과일처럼 질기고 다소 딱딱하며 거친 음식은 입맛의 인내력을 기르게 한다.

11) 음식을 천천히 오래 씹어 먹으면 소화기관의 부담을 덜어줘 골고루 먹을 수 있다.

12) 음식을 꼭꼭 씹어 먹으면 뇌가 자극을 받아 집중력과 기억력도 좋아진다.

13) 입안에서 20회 이상 씹어 넘기고, 20분 이상 천천히 씹어 먹으면, 음식 속에 든 각종 미네

랄이나 유효 성분을 빠짐없이 흡수할 수 있어, 장수할 수 있다.

14) 스페인·프랑스 사람들처럼 식사 시간을 넉넉히 배당해야 한다. 음식 섭취 후 12분 정도가 지나면 음식물을 거부하는 '렙틴'이라는 식사 거부 호르몬이 활성화되는데, 이 렙틴의 기능을 증진하면 과식을 막을 수 있다.

15) 젓가락 식사법은 식사할 때 빨리 먹는 습관을 자연스럽게 방지해 준다. 고혈압과 비만의 큰 원인은 짜게 먹는 습관이다. 젓가락 식사는 국물 먹기를 원천 봉쇄할 수 있으므로 고혈압이나 비만 예방에도 도움을 준다.

16) 대부분의 채식주의자들이 영양과 건강 면에서 상당히 낮은 점수를 받은 것으로 나타났다. 무턱대고 채식을 하다간 건강을 해칠 수도 있다.

17) 건강한 채식이란 우리 인체에 꼭 필요한 탄수화물, 지방, 단백질 등과 같은 필수영양소의 섭취량을 충족시키는 것이다. 특히 채식주의자들이 혐오하는 지방이 체내에 부족하면 피부염, 피부의 탄력 부족, 성장 부진, 시력 저하, 손떨림 등과 같은 증상이 나타난다. 단백질이 부족하면 성장 부진이나 면연력 저하 같은 문제가 발생한다. 특히 단백질이 부족하면 세로토닌, 멜라토닌, 엔도르핀과 같은 각종 호르몬의 이상이 나타나고, 심지어 우울증이 생기기도 한다.

18) 목욕탕이나 가정집에서 매일 20~30분씩 찬물에 몸을 담그고 목욕하는 것이 좋다. 찬물에 몸을 담그고 있으면 몸의 체온이 감소하려고 하기 때문에 신체는 일정한 체온을 유지하기 위해 신체 내부에 있는 에너지원(지방류)을 분해시키게 된다. 이렇게 찬물로 매일 목욕하게 되면 체중은 자연스럽게 줄고 체중이 줄어도 몸에 별다른 이상이 없을 뿐만 아니라 늘 탄력 있고 건강한 피부를 유지하여 노화방지에도 큰 기여를 하게 된다.

박덕은 박사의 건강 상식 · 28

건강한 식습관을 지키면 건강하게 장수할 수 있다. 특히, TV를 보며 식사하지 말자.

29
운동보다는 식이요법이 우선되어야

　리처드 쿠퍼 교수가 이끄는 미국 로욜라 대학 연구팀을 비롯해 국제적으로 구성된 연구팀은 시카고의 흑인 여성들과 나이지리아 시골 여성들을 비교했다. 시카고 여성들의 평균 몸무게는 83.4kg, 나이지리아 여성들의 평균 몸무게는 57.6kg이었다. 연구팀은 날씬한 나이지리아 여성들이 신체 활동(몸을 움직이는 모든 것을 포함)을 더 많이 할 것이라고 예측했다. 그러나 예측은 빗나갔다. 이 연구 결과는 미국 온라인 과학 뉴스 〈사이언스테일리〉, 인도 일간지 〈지뉴스〉 등에 2009년 1월 12일 보도되었다.

1) 두 그룹 사이에 신체적 활동을 통해 소모되는 열량의 차이는 거의 비슷했다.

2) 같은 몸무게에서 어느 정도 열량을 소모하는가를 측정한 결과 시카고 흑인 여성들은 하루 평균 760kcal를 소비했으며, 나이지리아 여성은 800kcal를 소비했다. 이 정도 차이는 통계학적으로 의미가 없다.

3) 시카고 흑인 여성이 더 뚱뚱한 것은 신체 활동보다 음식의 영향이 절대적이었다. 나이지리아 여성의 식사는 섬유질, 탄수화물이 많고 지방과 동물성 단백질은 낮았던 반면, 시카고 흑인 여성들의 식사는 40~45%가 지방질이었으며, 가공식품을 먹는 비율도 높았다. 2007년 자메이카 남녀를 대상으로 한 연구에서도 이와 비슷한 결과가 나온 바 있다.

4) 사람들은 신체 활동이 몸무게 조절에 있어 좋은 영향을 미친다고 믿고 싶어하지만 그것은 사실이 아니다.

5) 몸을 움직여 열량을 소모한 만큼 사람들은 더 먹게 된다.

　이번 연구의 공동 연구자인 로욜라 대학 영양학과 에이미 루크 교수의 한마디.

"몸을 덜 움직이는 것이 비만자를 늘리는 주요 원인이 아닐 수 있다. 음식 조절 없이는 살을 뺄 수 없다."

다른 학자들의 조언 한마디.
"신체 활동이 살 빼기와 상관없다고 해서 운동을 중단해선 안 된다. 운동은 뼈와 근육을 강화시켜 주고, 정신적인 건강과 기분을 고양시킨다. 혈압을 낮추고, 콜레스테롤 수치를 안정시키며 심혈관질환, 당뇨병, 유방암, 대장암 등의 질병 위험도 낮춰 준다."

30
작은 그릇에 담아야

브라이언 원싱크 교수가 이끄는 미국 코넬 대학 연구팀은 60명에게 무료 점심을 주는 실험을 했다. 30명에게는 22온스(약 623g) 그릇에 수프를 담아 제공했다. 나머지 30명에게는 '바닥 없는 그릇'을 통해 수프를 줬다. 이 그릇에는 유압장치가 설치돼 천천히 수프가 채워졌다. 이 연구 결과는 2011년 8월 6일 워싱턴DC에서 열린 미국 심리학협회 제119회 연례모임의 전체 회의에서 발표되었다.

1) 우리의 식탁은 보이지 않는 식사의 덫(eating traps)으로 가득차 있다.

2) 식사할 때 한 입 한 입 먹으면서 의식적으로 자신에게 배가 부른지 여부를 자문할 수 없는 환경에서 살고 있다.

3) 음식을 먹을 때마다 '내가 무엇을 얼마나 먹는지' 의식적으로 신경쓰는 것보다 냉장고를 열었을 때 채소와 과일 등을 보이게 하고 초콜릿이나 케이크는 눈에 보이지 않는 곳에 보관하는 것이 살을 빼는 데 더 효과적이다.

4) 건강한 식사 비결은 주변 환경을 건강하게 바꾸는 데 있다.

5) 그릇 크기만 바꿔도 체중을 줄이고 건강해질 수 있다.

6) 사람들은 극장에서 팝콘을 먹을 때 팝콘의 맛보다는 용기 크기에서 먹는 양이 좌우되는 것으로 나타났다.

7) 사람들은 가장 큰 XL 컵에 담긴 신선한 팝콘을 먹을 때 L 컵에 담긴 똑같은 팝콘을 먹을 때보다 45% 더 먹었다.

8) XL 컵에 담긴 덜 신선한 팝콘을 먹을 때에는 L 컵에 담긴 신선한 팝콘을 먹을 때보다 34%나 더 많이 먹었다.

9) 사람은 자신의 행동에 대해서 자각하지 못한다. 이러한 점은 술을 마실 때에도 마찬가지다. 같은 용량이지만 높이가 짧고 넓은 잔을 이용할 때는 가느다랗고 긴 잔을 이용할 때보다 37% 더 마신다.

10) 아이들이 시리얼 그릇을 큰 그릇(약 453g)으로 받으면 작은 그릇(약 226g)으로 받을 때보다 두 배나 많은 시리얼을 먹었다.

11) 사람들은 자신이 과식하기 전에 그만 먹어야 할 때를 안다고 착각한다.

12) '바닥 없는 그릇'의 수프를 이용한 사람은 일반 그릇을 이용한 사람보다 73% 더 먹었다. 심지어 일부는 일러주기 전까지 자신이 더 먹었는지도 몰랐다.

13) 위가 '나 배불러요'라고 신호를 보낼 때까지 먹어서는 안 된다.

14) 위의 신호는 거짓일 수 있다.

15) 간단하게 생활 환경을 바꾸는 것이 자신의 의지에 매달리는 것보다 더 효과적이다. 즉, 마음을 바꾸는 것보다 주변 환경을 변화시키는 것이 더 쉽다.

다음은 윈싱크 교수가 권하는 건강 식사법 3가지다.

1) 큰 디너 접시 대신 샐러드 접시에 음식을 담아 먹는다.

2) 찬장이나 냉장고에서 건강에 해로운 식품은 눈에 띄지 않은 곳으로 옮기고 눈에 잘 띄는 곳에 건강식품을 둔다.

3) TV 앞에서 식사하지 말고 부엌이나 식당에서 먹는다.

박덕은 박사의 건강 상식 · 30
밥그릇 크기만 줄여도 체중을 줄일 수 있다.

31
먹는 시간대를 제한해야

미국 캘리포니아 주 솔크 생물 연구소의 사친 판다 교수가 이끄는 연구팀은 생쥐들을 두 그룹으로 나눠, 한쪽은 하루 24시간 중 8시간 이내로만 먹이를 먹게 했고 다른 그룹의 생쥐들은 시간을 제한하지 않고 먹이를 먹을 수 있게 했다. 18주간의 실험 기간 동안 두 그룹 모두 지방분이 많은 먹이를 먹게 했다. 이 연구 결과는 〈세포 대사(Cell Metabolism) 저널〉(2012년 5월호)에 발표되었으며, 미국 〈ABC 방송〉에 2012년 5월 17일 보도되었다.

1) 음식 섭취 시간을 제한한 그룹의 체중 증가량이 시간을 제한하지 않은 그룹에 비해 28% 더 낮았고, 건강도 더 좋게 나타났다.

2) 간과 장, 근육 등의 인체 기관이 제 기능을 가장 잘 발휘할 수 있는 시간대가 따로 있다.

3) 신체 사이클을 지키는 것이 콜레스테롤 수치나 포도당 생산 수치와 관련이 있다.

4) 시간에 관계없이 아무때나 자주 먹는 것은 이런 정상적인 신체 대사 사이클을 혼란에 빠뜨릴 수 있다.

5) 지난 수백만 년 동안 사람들은 주간에 활동하는 종족으로 살아왔다. 따라서 대부분의 칼로리 섭취가 낮에 이뤄지고 밤에는 단식하는 체질로 만들어졌다. 그러나 지난 백 년간은 밤에도 음식을 먹는 생활로 바뀌면서 당뇨병과 비만이 증가하는 현상이 나타났다.

6) 음식을 먹는 시간대를 제한하는 것이 체중 증가를 막는 방법이다.

박덕은 박사의 건강 상식 · 31
체중을 줄이려면 음식 먹는 시간대를 제한해야 한다.

32
맛있는 음식을 즐거운 분위기에서 먹어야

야수히코 미노코시 교수가 이끄는 일본 국립생리과학연구소 연구팀은 쥐 실험을 통해 불규칙한 식사와 즐거운 식사에 대해 조사했다.

이 연구 결과는 〈세포 물질대사(Cell Metabolism)〉(2009년 12월호)에 발표되었으며, 미국 논문 소개 사이트 〈유레칼러트〉, 온라인 과학 뉴스 〈사이언스데일리〉 등에 2009년 12월 2일 보도되었다.

1) 맛있는 음식을 편안한 분위기에서 먹거나 그런 음식에 대한 기대를 주면 오렉신(수면과 각성, 음식 섭취와 연관이 있는 호르몬)이라는 뇌 호르몬이 활성화되었다.

2) 오렉신이 활성화되자 당 대사를 빨리 하도록 촉진하고 쥐의 혈당수치가 내려갔다.

3) 맛있는 음식을 즐거운 분위기에서 먹으면 당 대사가 촉진돼 고혈당이나 비만을 막는 데 도움이 된다.

4) 맛있는 음식을 가족이나 친구와 함께 즐거운 분위기에서 먹으면 오렉신 호르몬이 분비돼 고혈당을 막고 건강에 도움을 받을 수 있다.

5) 불규칙한 식습관이나 고열량 패스트푸드를 마구 먹으면 고혈당과 비만이 유발되고 건강을 해친다.

6) 오렉신의 활동은 밤에 줄어들기 때문에 특히 자기 전에 음식을 먹으면 고혈당이 쉽게 유발된다.

박덕은 박사의 건강 상식 · 32
맛있는 음식을 즐거운 분위기에서 먹으면 당 대사가 촉진돼 고혈당이나 비만을 막을 수 있다.

33
가족과 함께 식사해야

낸시 셔루드 교수가 이끄는 미국 미네소타 대학 연구팀은 미네소타에서 거주하는 청소년 4,746명의 식습관을 조사했다. 참여 청소년들은 중·고교 시절에 한 차례 조사에 응했고 5년 뒤 한번 더 조사에 참여했다. 이 연구 결과는 〈국제 식이장애 저널(International Journal of Eating Disorders)〉에 2009년 7월 29일 발표되었으며, 미국 의학 웹진 〈메디컬뉴스투데이〉, 심리학 전문지 〈사이콜로지 투데이〉 등에 2009년 7월 31일 보도되었다.

1) 가족과 식사하지 않는 뚱뚱한 10대는 폭식 뒤에 구토 같은 식이장애를 겪는 비율이 높은 것으로 나타났다.

2) 뚱뚱한 10대 중 가족 관계가 안 좋을수록 식이장애(음식을 먹은 뒤 고의적으로 구토를 하거나 다이어트 약, 이뇨제, 설사약 등을 복용하고, 폭식을 하는 등의 증세)를 겪는 비율이 높고 건강에 나쁜 살 빼기를 시도한 것으로 나타났다.

3) 뚱뚱한 10대라도 가족 관계가 좋아 가족과 함께 식사를 자주 하는 경우는 그렇지 않은 경우보다 식이장애를 겪는 비율이 낮았다.

4) 뚱뚱한 청소년들은 살을 빼야 한다는 사회적 스트레스를 심하게 받기 때문에 가족과의 유대 관계가 큰 영향을 미친다.

5) 식이장애를 유발하는 요인은 남녀별로 달랐다. 여학생은 자존감이 낮고 신체 활동을 많이 할수록 식이장애 비율이 높았고, 남학생은 우울하거나 패스트푸드, 음료수를 많이 먹을수록 식이장애가 많았다.

6) 뚱뚱한 청소년이 지나치게 체중에 집착하지 않고 긍정적인 마음을 갖도록 도와 줘야 건강에 해로운 체중 감량을 시도하지 않는다. 학교에서 이런 도움을 주는 것과 더불어 가족의 관심이 중요하다.

　　미국 일리노이 대학 바바라 피즈 교수는 가족이 함께하는 식사가 어린이와 청소년의 건강에 어떤 영향을 미치는지를 조사했다. 미국 가정의 식사 습관과 건강 상태를 조사한 최근 17건의 연구 결과를 종합하는 방식으로 연구가 진행됐다. 17건의 연구는 모두 182,000명의 어린이와 청소년을 대상으로 이뤄졌다. 이 연구 결과는 〈소아 과학(Pediatrics)〉 저널(2011년 7월호)에 발표되었으며, 미국 과학 논문 소개 사이트 〈유레칼러트〉에 2011년 7월 12일 보도되었다.

1) 자녀의 건강을 생각한다면 가급적 온 가족이 함께 모여 식사를 하는 횟수를 늘려야 한다.

2) 가족이 함께 식사하는 가정의 자녀일수록 잘못된 식습관이 줄어들고 비만이 될 확률도 낮아지는 것으로 나타났다.

3) 일주일에 다섯 번 이상 가족이 함께하는 식사를 한 가정의 자녀들은 그렇지 않은 가정에 비해 '무질서한 식사(disordered eating: 폭식을 하거나 아예 밥을 먹지 않는 것, 살을 빼기 위해 음식을 먹은 뒤 일부러 토하는 것, 설사약이나 이뇨제 등을 복용하는 것, 체중 감소를 위해 담배를 피우는 것 등을 모두 포함한 개념)' 비율이 35%나 낮게 나타났다.

4) 일주일에 3회 이상 가족과 함께 식사를 한 아이들은 그렇지 않은 아이들에 비해 비만이 될 확률이 12% 낮았다.

5) 가족이 모여 밥을 먹으면 부모가 자녀의 식습관을 꼼꼼히 챙길 수 있고 가족 간의 유대감도 높아져 자녀의 정서를 안정시키는 데에도 도움이 된다.

6) '아이들이 부모와 같이 먹는 것을 싫어한다'라는 일부 부모의 우려와는 달리 10대 자녀들은 부모와 함께 밥을 먹는 것을 좋아하며 그렇게 하는 것이 건강에 더 도움이 된다고 믿는 것으로 나타났다.

7) 일주일에 몇 번 가족들과 함께 식사할 것인지를 미리 정하고 그 약속을 어떤 것보다도 우선으로 지켜 가족이 함께하는 식사를 갖는 것이 바람직하다.

　　마리아 호세 아귈라르 코르데로 교수가 이끄는 스페인 그라나다 대학 연구팀은 그라나다 지방에 거주하는 718명의 어린이들을 대상으로 조사 분석했다. 13개 공·사립학교에 다니는 9~17세 아동들의 체중, 체질량 지수 등을 측정하고 가족 환경, 특별식을 먹는 빈도, 신체 활동과 관련된 습관 등을 함께 조사했다. 이 연구 결과는 스페인 〈영

양학(Nutrición) 저널〉(2012년 3월호)에 발표되었으며, 〈메디컬뉴스투데이〉
에 2012년 3월 6일 보도되었다.

1) 집에서 엄마와 함께 밥을 먹는 아이들이 영양 상태가 더 좋으며 비만 위험도 낮았다.

2) 누가 식사를 마련해 주는지가 아이들의 건강과 큰 관련이 있었다.

3) 엄마는 아이의 몸 상태를 가장 잘 아는 사람이자 영양학에 대한 지식을 가장 많이 갖고 있는 사람이다.

4) 가정 내에서의 아이들의 식습관은 건강이나 비만과 큰 관련이 있었다.

5) 앉아 있는 시간이 많은 아이들은 건강이 나쁘고 비만한 경우가 많았다.

6) TV 시청이나 비디오게임, 인터넷 서핑을 많이 할수록 체질량 지수가 높은 것으로 나타났다.

7) 가정에서 건강한 식습관을 갖도록 하는 게 역시 중요했다.

박덕은 박사의 건강 상식 · 33
집에서 엄마와 함께 식사하는 시간을 되도록 많이 갖자.

34
편식하지 않고 골고루 먹어야

보건복지부는 그동안의 사회 변화에 따라 달라진 식품 선택, 조리 방법, 신체 활동까지 포괄하는 새로운 개념의 '생애주기별 식생활 지침'을 2003년에 다음과 같이 발표했다.

1) 편식하지 않고 골고루 먹어야 한다.
2) 끼니마다 다양한 채소 반찬을 먹어야 한다.
3) 생선, 살코기, 콩 제품, 달걀 등 단백질 식품을 매일 한 번 이상 먹어야 한다.

보건복지부는 지난 10년간 어린이 비만이 2배로 증가했다고 발표했다. 어린이 비만의 치료와 예방은 성장을 위한 적절한 영양 섭취와 함께 올바른 식습관과 생활습관을 실천하는 것에서 출발해야 한다고 2009년 11월 발표했다.

잉거 요르크 교수가 이끄는 스웨덴 룬드 대학 연구팀은 여러 식품을 함께 섭취하는 것이 질병 예방에 어떤 효과가 있는지 알아보려고 연구를 시작했다. 50~75세로 과체중이지만 건강한 44명을 대상으로 4주 동안 특별히 짜여진 식단에 따라 다이어트를 하는 실험을 했다. 식단에는 비만, 당뇨병, 심장병 등과 관련있는 대사증후군을 촉진하는 염증물질을 인체에서 감소시킬 수 있다고 여기는 식품이 많이 포함됐다. 통밀, 현미 등 전곡류, 불포화 지방산과 항산화물질을 포함한 식품(노화, 암의 유발을 억제하는 기능이 있으며 심장병, 알

츠하이머성 치매, 당뇨병 등의 위험을 줄여주는 것으로 알려진 식품)도 포함됐다. 이 연구 결과는 영국 일간지 〈텔레그래프〉 인터넷판에 2010년 10월 22일 보도되었다.

1) 나쁜 콜레스테롤(LDL cholesterol)은 33%, 혈중지방은 14%, 혈압은 8%, 혈액응고는 26%까지 줄여주었다.
2) 염증물질도 상당히 감소했으며 기억력과 뇌의 인식 능력도 개선된 것으로 나타났다.
3) 탄수화물은 거의 섭취하지 않고 지방이나 단백질 위주로 식사하는 황제 다이어트(앳킨스 다이어트)나 감자, 요구르트, 포도, 바나나 등 한 가지 식품만 먹는 원푸드 다이어트보다 골고루 여러 가지 식품을 먹는 다이어트를 해야 불로장수할 수 있다.
4) 어떤 식품의 무슨 성분이 질병 예방에 더 크게 영향을 미쳤는지 구별할 수는 없었다. 복합적인 효과인 것으로 믿는다.

이와 관련하여 영양학자 안젤라 도우덴의 한마디.
"이는 매우 흥미 있는 연구다. 이 연구로 한 가지보다 여러 가지를 함께 먹는 것이 건강한 식사법이며 건강한 다이어트법이란 것이 완벽하게 증명됐다."

식품의약품안전청은 한국 성인을 대상으로 식사 패턴과 대사증후군 발생과의 관련성을 상호 분석했다. 2001년부터 한국인 유전체역학 연구 중 안산·안성코호트 참여자 가운데 건강 검진 결과 대사증후군이 없는 성인 6,640명을 대상으로 식습관의 주요 패턴을 확인하며 2008년까지 추적 조사했다. 조사 대상자의 식습관 정도에 따라 5개 등급으로 나누어 식습관과 대사증후군 발생 간의 관계를 집중 분석했다. 이 연구 결과는 2012년 1월 27일 언론에 보도되었다.

1) 비만과 대사증후군 발생 위험을 줄이기 위해서는 골고루 먹는 식사 습관이 중요한 것으로 나타났다.

2) 가장 골고루 먹는 집단의 대사증후군이 흰쌀과 김치 위주로 치우친 식사를 하는 집단에 비하여 23% 감소했다.

3) 음식을 골고루 먹는 사람들은 편식하는 사람들에 비해 복부비만 위험이 42% 감소했고 저 HDL콜레스테롤혈증 위험도 16% 감소했다.

4) 가장 골고루 음식을 먹는 사람들은 잡곡밥(1일 2~3회), 김치 외 채소(1일 2~3회), 생선 및 해산물(1일 2회), 해조류(1일 1회), 콩(1일 1회), 육류 및 달걀(1일 1회), 과일(1일 1회), 유제품(1일 1~2회) 등을 다양하게 섭취하고 있는 것으로 파악됐다.

5) 편식하는 사람일수록 잡곡밥이나 채소의 섭취가 줄어들고 생선 및 육류 등 단백질의 섭취도 줄었으며, 가장 편식하는 사람들은 흰쌀밥과 김치를 위주로 식사하는 패턴을 가지고 있는 것으로 나타났다.

6) 각종 성인병의 원인이 되는 대사증후군을 사전에 예방하기 위해서는 다양한 식품을 골고루 섭취하는 식사 패턴이 중요한 만큼 어릴 때부터 편식을 피하고 다양한 식품을 접하는 올바른 식습관을 형성하는 것이 필요하다.

박덕은 박사의 건강 상식 · 34

비만과 대사증후군 발생 위험을 줄이려면 골고루 먹는 식사 습관을 길러야 한다.

35
세끼를 규칙적으로 먹어야

　　미국 인디애나 퍼듀 대학 히서 레이디 교수는 27명의 비만 남성에게 평소보다 하루에 750kcal 적게 먹도록 하는 12주간 다이어트를 시켰다. 식사 형태는 두 가지로 5시간마다 한 번씩 먹는 세끼 또는 2시간마다 한 번씩 먹는 여섯 끼를 먹도록 했다. 총 단백질 섭취량은 다이어트 이전과 이후가 같도록 조정했다. 비만 남성들은 첫 7주 동안 두 가지 식사 형태 중 하나를 선택하고 그 다음에는 다른 식사 형태로 바꾸도록 했다. 이 연구 결과는 〈비만 저널(Journal Obesity)〉(2010년 9월호)에 발표되었으며, 영국 일간지 〈데일리메일〉에 2010년 9월 23일 보도되었다.

1) 하루 세끼를 규칙적으로 먹은 비만 남성들은 밤늦게까지 배고픔을 느끼지 않은 반면 조금씩 자주 먹은 남성들은 밤에 배고픔을 느껴 다이어트 실험 자체를 힘들어했다.

2) 다이어트를 시도하는 사람들이 야채를 위주로 간단하게 조금씩 먹는 것이 다이어트에 효과적이라고 생각하는데 그렇지 않았다.

3) 조금씩 자주 먹으면 잠들기 전에 배고픔이 심해 다이어트에 실패할 확률이 높아졌다.

4) 먹는 칼로리와 단백질량이 일정하다면 하루 세 끼를 제때 먹는 것이 더 효과적이다.

5) 오히려 조금씩 자주 먹으면 허기를 금방 느껴 식욕을 참지 못하게 된다.

6) 다이어트를 할 때는 섬유소, 과일, 채소 등 영양소를 고르게 포함시켜야 한다.

　　미국 미주리대학 헤더 리디 교수는 10대 청소년을 3그룹으로 나눠 3주일 동안 아침 식사를 거르거나, 단백질이 상당한 우유와 시리얼을 아침에 먹거나, 단백질이 많은 벨기에 와플, 시럽, 요구르트를 각각 먹도록 했다. 매 주말마다 식욕과 포만감에 대해 설문 조사하고 점심을 먹기 전에 기능성자기공명영상(fMRI)으로 뇌 활동을 관찰했다. 이 연구 결과는 〈비만(Obesity)〉 온라인판에 2011년 5월 발표되었으며, 미국 과학 논문 소개 사이트 〈유레칼러트〉, 온라인 과학 뉴스 〈사이언스데일리〉 등에 2011년 5월 19일 보도되었다.

1) 아침을 거른 청소년보다 아침을 먹은 학생들이 포만감이 높았고 아침 내내 배고픔이 줄었다.

2) 아침을 먹은 학생들은 점심을 먹기 전에 식욕 관련 동기와 보상의 뇌 영역 활동도 줄었다.

3) 아침을 먹은 학생들 중에서도 특히 단백질이 풍부한 아침을 먹은 학생들이 포만감이 오랫동안 지속되었고 간식을 훨씬 적게 먹었다.

4) 끼니를 거르게 되면 오히려 당분이나 지방이 많은 간식을 찾게 돼 칼로리 섭취량이 많아져 체중이 늘어날 수 있다.

5) 단백질이 풍부한 아침 식사를 하는 것이 식욕을 억제하고 과식을 막는 좋은 방법이 될 수 있다.

박덕은 박사의 건강 상식 · 35

하루 세끼 제때 규칙적으로 먹는 게 다이어트 성공 비결이다.

36
음식을 천천히 먹어야

일본 도쿄 대학 사토시 사사키 박사와 오사카대 히로야즈 이소 박사는 30~69세 일본 남녀 3,287명을 대상으로 음식을 먹는 속도가 비만에 미치는 영향을 조사했다. 이 연구 결과는 〈영국 의학 저널(British Medical Journal)〉에 2008년 10월 21일 발표되었다.

"음식을 빨리 먹고 포만감이 들 때까지 먹는 사람은 그렇지 않은 사람에 비해 비만 위험이 두 배 높은 것으로 나타났다."

영국 국가비만위원회의 이안 캠벨 박사의 한마디.

"포만감을 느끼게 하는 것은 위장이 아니라 뇌다. 뇌가 포만감을 느끼고 '그만 먹어도 되겠다'고 몸에 명령을 내리는데 이는 식사 시작 15~20분 뒤에 일어난다. 음식을 빨리 먹게 되면 뇌가 포만감을 느낄 틈이 없기 때문에 더욱 많은 양을 먹게 된다."

캐슬린 멜란슨 교수가 이끄는 미국 로드 아일랜드 대학 연구팀은 식사 속도와 먹는 양과의 관계를 알아보기 위해 두 가지 연구를 했다. 첫 번째 연구는 빨리 먹는 사람, 중간 속도로 먹는 사람, 느리게 먹는 사람을 구분하여 조사했다. 두 번째 연구에선 체질량 지수가 높은 사람과 음식을 빨리 먹는 것과의 상관성에 대해 조사했다. 이 연구 결과는 미국 올란도에서 열린 '비만 협회(Obesity Society)' 연례 회의에서 발표되었으며, 〈헬스데이 뉴스〉에 2011년 11월 23일 보도되었다.

1) 남성이 여성보다 훨씬 더 빨리 먹었다.

2) 사회적 성별에 따른 차이가 뚜렷이 나타났다. 그 이유는 남성의 입이 더 큰 데다 에너지도 여성보다 더 많이 필요했기 때문이다. 또 하나는 여성들이 음식을 천천히 먹는 게 사회적 규범이라고 스스로 느끼고 있었기 때문이다.

3) 빨리 먹는 사람은 1분에 88g, 중간 속도인 사람은 71g, 느린 사람은 57g을 먹는 것으로 나타났다.

4) 남성은 분당 80kcal를 먹는데 비해 여성은 52kcal를 섭취했다.

5) 스스로 천천히 먹는다고 말하는 남성들의 속도는 스스로 빨리 먹는다고 말하는 여성들의 속도와 동일했다

6) 체질량 지수가 높은 사람이 음식을 빨리 먹는 것으로 확인됐다.

7) 통곡류, 즉 정백하지 않은 시리얼이나 정백하지 않은 밀로 만든 토스트를 먹는 사람은 정백한 것을 먹는 사람에 비해 훨씬 더 느리게 먹는 것으로 드러났다.

8) 통곡류는 씹는 데 시간이 더 걸리고 이를 소화하는 과정은 입에서 시작된다. 통곡류는 고도로 가공된 음식에 비해 소화 시간이 훨씬 더 많이 걸렸다.

9) 식사 속도는 타고난 성향이기 때문에 바꾸기가 쉽지 않다고 보지만, 시도해 볼 가치는 충분히 있다.

10) 음식을 입속에서 더 오래 두는 것은 우리가 느끼는 포만감에 영향을 미친다.

11) 자신이 무엇을 먹고 있는지 입에서 파악하게 만들고 삼킨 음식이 위장에 들어간 뒤에 다음 음식을 입에 넣어야 한다.

박덕은 박사의 건강 상식 · 36
식사 때는 무얼 먹고 있는지 입에서 파악하게 만들고 삼킨 음식이 위장에 들어간 뒤에야 다음 음식을 입에 넣자.

37

식욕을 통제해야

　카타리나 보르에르 교수가 이끄는 미국 미시간 대학 연구팀은 폐경기인 뚱뚱한 여성 10명, 마른 여성 10명을 대상으로 조사했다. 연구팀은 운동과 렙틴, 식욕의 관계를 알아보기 위해 각기 다른 날 3종류의 실험을 진행했다.

　연구 대상자들은 하루에 체중 유지 보조식품을 3회 섭취하고 하루 단위로 진행된 실험에 참가했다. 체중 유지 보조식품은 식사량을 조절하고 과식과 폭식을 미리 예방하는 데 도움을 줬다. 첫 번째 실험에서 연구 대상자들은 아무런 운동도 하지 않았다. 두세 번째 실험에서는 운동 강도를 달리해 아침저녁으로 런닝머신 위에서 걷기를 해 각각 500kcal를 소모해 총 1,000kcal를 없애도록 했다. 두 번째 실험은 최대 노력의 80%를 집중시킨 고강도 걷기를 7.5분씩 10회 하며 중간에 10분씩 휴식하는 방법이었고, 세 번째 실험은 두 번째 실험의 반 정도의 노력만 들여 15분씩 걷고 중간에 5분 쉬는 방법이었다.

　연구팀은 매시간, 음식을 섭취하기 전에 연구 대상자의 식욕 정도를 '전혀 배고프지 않음'부터 '몹시 배고픔'까지 10단계로 분류해 기록했다. 또 15~60분마다 연구 대상자의 혈액을 검사해 호르몬 수치를 측정했다. 이 연구 결과는 샌프란시스코에서 개최한 '제90회 내분비학회 연차학술대회'에서 2008년 6월 17일 발표되었으며, 미국 온라인 과학 뉴스 〈사이언스데일리〉, 미국 의학 논문 소개 사이트 〈유레칼러트〉 등에 2008년 6월 17일 보도되었다.

1) 비만 여성은 체중 유지 보조식품을 먹기 전까지는 마른 여성보다 배고픔을 덜 호소했지만, 운동을 하는 동안에는 식욕을 잘 억제하지 못하는 경향을 보였다
2) 뚱뚱한 여성이 살을 빼고 싶어 운동을 해보지만 덩달아 식욕도 높아져 다이어트를 방해했다.
3) 뚱뚱한 여성은 운동을 할수록 식욕을 억제하는 호르몬인 렙틴과 음식을 먹고 싶은 충동이 함께 증가했다. 뚱뚱한 사람은 살이 찌면서 렙틴 수치가 증가하는데 이때 렙틴에 대한 저항성 역시 함께 증가하기 때문에 렙틴에 대해 둔감했다.
4) 비만한 여성들은 식욕 억제를 하지 못해 운동 후에도 폭식을 할 가능성이 높았다.
5) 비만 치료 전문가나 내과 의사들이 비만 여성들을 치료할 때 무조건 운동을 해서 체중을 줄이라는 조언보다는 렙틴의 변화에도 관심을 기울여야만 한다는 사실이 증명됐다.

인제대 의과대학 서울백병원 가정의학과 강재헌 교수의 한마디.

"아직까지 운동이 렙틴의 증감에 어떠한 영향을 주는지에 대해서 명확히 밝혀진 의학적인 보고는 없다. 비만한 사람은 날씬한 사람보다 렙틴 수치가 높아도 저항성이 있어 이에 둔감하기 때문에 식욕이 왕성하다."

경희대 대학병원 안금자 영양팀장은 2009년 4월 29일 다음과 같이 조언했다.

1) 부작용이나 요요 현상 없이 다이어트에 성공하려면, 조금 먹되 영양분이 부족하면 안 된다.
2) 다이어트에 성공하려면 조급증을 버리고 올바른 식단을 짜 꾸준히 실천하는 게 중요하다.
3) 1,000kcal 다이어트 식단의 기본은 배고픈 듯 먹되, 달고 기름진 음식을 피하고, 싱겁게 먹는 것이다. 이 식단으로 식사하면서 배고프다고 느껴지면 추가로 야채를, 또는 신체 리듬을 유지하기 위해 비타민을 추가로 먹어도 된다.

〈과식의 종말〉의 저자 데이비드 케슬러 박사는 이렇게 말했다.

"당분, 지방, 소금의 절묘한 조합이 뇌의 쾌감 중추를 자극해서 '입

에 착 달라붙는 맛'을 만든다. 이 맛 때문에 받은 오감의 느낌과 즐거움은 학습과 기억을 통해 그대로 뇌에 각인된다. 음식을 보지 않아도 생각나고 음식이 눈에 들어오면 본능적으로 손이 간다. 과거에 먹어 봤던 음식이 입속에 들어와 미각을 통해 뇌에 신호가 전달되면 다음부터는 그 음식을 다 먹을 때까지 통제력을 잃게 된다. 이게 '음식 중독'이다."

앤 맥티어넌 연구원이 이끄는 미국 시애틀의 프레드 허친슨 암 연구센터 연구팀은 50세에서 75세까지 123명의 과체중 또는 비만인 여성을 조사했다. 이들은 체중 감량을 목적으로 유방암에 관련된 식습관과 운동의 상관관계를 조사하기 위한 대규모 연구에 참여한 사람들이었다. 이 연구 결과는 미국 〈영양학 협회 저널〉에 2011년 11월 25일 발표되었으며, 미국 케이블방송 〈MSNBC〉에 2011년 11월 28일 보도되었다.

1) 일 년 이상 오전에 간식을 먹은 사람은 평균 7%의 체중을 감량했으나, 점심 전에 간식을 전혀 먹지 않은 사람은 11%의 체중을 감량한 것으로 나타났다.

2) 상대적으로 짧은 오전 시간에 간식을 먹으려는 욕구는 건강상 나쁜 식습관을 가지고 있다는 표시였다. 정말 배가 고파서 먹는다기보다는 그냥 휴식 겸해서 아무 생각 없이 먹은 것 같다.

3) 97%의 여성이 매일 간식을 먹었으며, 아침 10시 30분에서 11시 30분 사이에 간식을 먹은 사람은 19%였다.

4) 가장 자주 먹는 시간대는 오후였으며, 76%가 2시에서 5시 30분 사이에 간식을 먹었다.

5) 아침 간식자들은 더 자주 간식을 찾는 경향이 있었는데, 오전 간식자들 중 47.8%가 3차례 이상 간식을 먹었으며, 저녁 간식자들 중 38.9%는 간식을 아주 많이 먹는 것으로 나타났다.

6) 간식도 배고픔을 달래기 위해 건강한 것을 골라서 먹을 경우, 다이어트 수단으로 바람직하다.

7) 현대 생활에서 간식을 먹는 것은 배고파서가 아니라 그냥 심심해서 생각 없이 먹는 경우가 점차 늘고 있기 때문에 건강에 해롭다.

8) 무심코 심심풀이로 간식에 손을 대게 되면 여분의 칼로리가 몸에 쌓이고, 간식을 먹었다고 해서 다음 식사를 덜하는 것도 아니었다.

9) 대체로 간식을 먹는 사람들은 전혀 먹지 않는 사람보다 살이 약간 더 찐 것으로 나타났다.

10) 간식을 먹는 사람들은 과일과 통곡밀을 더 많이 먹었다.

11) 체중을 줄이려고 다이어트를 실행하는 개개인에게 식사에 맞춰 간식 습관도 건강하게 유지할 수 있도록 교육을 시켜야 한다.

박덕은 박사의 건강 상식 · 37

부작용이나 요요 현상 없이 다이어트에 성공하려면, 조금 먹되 영양분이 부족하지 않게 해야 한다.

38
설탕이 들어간 음료수를 줄여야

　리웨이 첸 교수가 이끄는 미국 루이지애나 주립대학 건강과학센터 연구팀은 25~79세의 건강한 남녀 810명을 대상으로 18개월 동안 음료수의 종류에 따른 체중 증감을 조사했다. 연구팀은 이들에게 소프트 음료, 청량음료, 과일주스 등 설탕이 들어간 음료와 다이어트 콜라 등 다이어트 음료와 우유, 설탕이 든 커피나 차와 설탕이 들어가지 않은 커피나 차 그리고 100% 과일 야채 주스 또는 알코올 음료 등 7가지 음료를 각각 마시게 했다. 이 연구 결과는 〈미국 임상 영양 저널(American Journal of Clinical Nutrition)〉(2009년 4월호)에 발표됐으며 미국 건강 웹진 〈헬스데이〉, 온라인 과학 뉴스 〈사이언스 데일리〉 등에 2009년 4월 3일 보도되었다.

1) 이들이 마신 음료 중 설탕이 들어간 음료수만이 체중 증가에 영향을 미쳤다.

2) 콜라 같은 소프트드링크를 하루 한 잔만 줄이면 몸무게가 6개월 뒤 0.49kg 줄고 18개월 뒤에는 0.65kg가 추가로 줄어드는 효과를 볼 수 있었다.

3) 단맛 음료수를 하루에 한 잔만 줄이면 1년 6개월 만에 1.5kg이 감량되었다.

4) 점심 식사를 많이 하면 저녁은 덜 먹는 식으로 인체는 고체 음식에 대해서는 섭취량을 스스로 조절하지만 음료수는 그렇지 않다.

5) 음료수를 점심때 많이 마신다고 해서 저녁때 음료수를 적게 마시지 않기 때문에 음료수를 통한 칼로리 섭취 조절이 매우 중요하다.

6) 목이 마르면 음료수를 찾지 말고 물을 마셔야 한다.

7) 음료로부터의 칼로리 섭취 증가와 미국 내 비만 인구 급증은 비례 관계가 있는 것으로 나타났다.

8) 당분이 함유된 음료가 여러 음료들 중에서 체내 에너지 섭취의 주된 요인인 것으로 확인

됐다.

9) 7종의 음료를 통한 칼로리 섭취를 줄이면 6개월과 18개월 후에는 각각 체중을 0.25kg, 0.24kg 줄일 수 있었다.

10) 당분이 많은 음료 섭취를 줄이는 것이 체중 감소와 연관이 있으며 고형식 섭취를 줄이는 것보다 살을 빼는 데 더 큰 영향을 줄 수 있다.

미국 존스홉킨스 대학 연구팀의 한마디.

"포도당은 식욕을 낮추지만 과당은 식욕을 돋운다. 과당이 많이 포함된 청량음료는 그 자체의 높은 칼로리에다가 이어지는 식욕 증진 효과로 살을 찌우는 데 결정적인 역할을 한다."

식약청은 숙명여자대학에서 '2010 한국인 영양 섭취 기준의 활용 개정' 공청회를 열었다. 보건 당국의 한국인 영양 섭취 기준 개정 위원회 최영선 위원장은 '한국인 영양 섭취 기준 개정 총론'에 2010년 8월 29일 다음과 같이 밝혔다.

1) 총 당류의 섭취 기준을 하루 섭취 에너지의 10~20%로 설정했다.

2) 9~11세 여자 어린이의 하루 총 당류의 섭취 기준은 하루 권장 열량인 1,800kcal의 10~20%인 180~360kcal, 45~90g이 된다. 보통 코카콜라 250ml 한 캔에 26g의 당류가 들어 있어 여자 어린이가 하루에 첨가당을 섭취하는 양은 약 22.5~45g 수준에 육박했다.

3) 포화 지방산과 오메가-6 지방산, 오메가-3 지방산의 권장 섭취량을 하루 에너지의 4.5~7%, 4~8%, 1%로 각각 설정했다.

4) 콜레스테롤 권고치는 하루 300mg 미만으로 제시했다.

5) 비타민D의 유아 및 청소년 섭취 기준은 2005년 10μg 에서 5μg 으로 하향 조정됐다. 유아 및 청소년의 비타민D 섭취량이 일본, 미국의 영양 섭취 기준에 비해 높게 설정돼 있다고 봤기 때문이다.

6) 3~14세 어린이의 1일 권장 열량이 100kcal 가량 상향 조정되는 방안도 함께 제시됐다.

이와 관련하여 식약청 영양정책과 관계자의 한마디.

"세계보건기구(WHO)는 설탕, 과당 등 당류를 인위적으로 식품에 첨가하는 '첨가당'의 하루 권장 섭취량을 에너지의 10% 이하를 제안하고 있다. 이번에 제시된 기준은 첨가당과 과일 등에 자연적으로 들어 있는 천연당을 모두 포함해 10~20%로 정했다. 첨가당과 천연당의 구별이 쉽지는 않지만, 보통 음료나 과자 등에 제조업자가 설탕 등의 형태로 추가하는 첨가당의 섭취 기준은 총 당류의 절반 수준으로 보면 된다."

미국 존스홉킨스 대학 연구팀은 2000년 이후에 발표된 뇌의 신호 시스템에 관한 연구들을 분석했다. 이 연구 결과는 다음과 같았다.

1) 액상과당은 뇌의 시상하부에 영향을 미치는 효소를 줄여 식욕을 높였다.

2) 분유, 탄산음료, 과자, 젤리, 물엿, 조미료 등 거의 모든 가공식품에 단맛을 내기 위해 첨가되는 액상과당의 함량이 가장 높은 것은 음료수였다.

3) 청량음료, 과일맛 음료 등은 되도록 피하는 게 좋다.

4) 액상과당을 대체하고 싶다면 솔리톨, 자일리톨 같은 당알코올이나 올리고당을 선택하면 좋다.

5) 콜라 같은 청량음료는 그 자체만으로도 칼로리가 높지만 음료 속에 들어 있는 액상과당 성분 때문에 식욕 촉진 효과까지 있어 '초강력 비만 촉진제'와 다름이 없다.

영양학자 케이트 딕킨 교수가 이끄는 벨기에 코넬 대학 연구팀은 2~7세 사이의 자녀를 둔 1,639명의 부모를 대상으로 설문 조사를 실시했다. 이 연구 결과는 〈식욕(Appetite)〉 저널에 2012년 4월 1일 발표되었으며, 과학 뉴스 사이트 〈라이브사이언스〉에 2012년 4월 6일 보도되었다.

1) 고소득층 가정의 자녀는 저소득층 가정의 자녀보다 탄산음료를 거의 절반(42%) 정도 덜 마시는 것으로 나타났다.

2) 고소득층 가정의 부모들은 3가지 사례를 실천하고 있었는데, 첫째 탄산음료를 식사 때 주지 않는다, 둘째 탄산음료를 마시고 싶을 때마다 허락하지 않는다, 셋째 탄산음료를 '집에 사 두지 않는다'였다.

3) 그중에서도 식사 때 주지 않는 경우가 탄산음료의 소비를 가장 많이 줄일 수 있게 했고, 마시고 싶을 때마다 허락하지 않는 것과 집에 아예 두지 않는 순으로 소비를 줄일 수 있었다.

4) 아이들의 경우 달콤한 음료를 많이 마시다 보면 비만과 성인 당뇨병을 일으킬 수 있으므로 탄산음료의 양을 줄이는 것은 매우 중요하다.

5) 탄산음료 소비와 관련지어 보면 우리 행동은 환경에 좌우되기 때문에 가정의 방침이나 제한책 등은 아주 큰 영향을 미친다.

6) 아이들에게 탄산음료가 건강에 좋지 않다고 말하는 것과 눈앞에 두고서 먹지 말라고 하는 것에는 아무런 차이가 없었다.

7) 탄산음료가 건강에 왜 나쁜지 설명하는 것이 중요하다고는 해도, 집안이나 식탁에 탄산음료를 두고서 먹지 말라고 하는 것은 아이들에게는 참기 힘든 고통이다.

8) 탄산음료 대신 다른 음료를 대체하는 것도 별로 도움이 안 된다.

9) 음료를 덜 마시도록 가정환경을 만드는 것이 아이들에게 가장 큰 영향을 미칠 수 있다.

10) 자녀들에게 탄산음료를 덜 마시게 하는 가장 좋은 방법은 식사와 함께 주지 않는 것이다.

박덕은 박사의 건강 상식 · 38
체중 감소를 위해 당분이 많은 음료 섭취를 줄이자.

39

물을 마셔야

킴벌리 에스피 교수가 이끄는 미국 오리건 주립대학 연구팀은 3~5세 어린이 75명을 대상으로 물을 포함한 여러 음료 섭취와 야채 섭취와의 상관관계에 대해 조사했다. 이 연구 결과는 영국 〈데일리 메일〉에 2012년 5월 16일 보도되었다.

1) 물을 많이 마신 아이들은 야채에 대한 식욕을 더 많이 느꼈다.

2) 이는 탄산음료나 소프트드링크보다 더 효과적인 것으로 드러났다.

3) 아이들에게 야채를 많이 먹이고 싶으면 식사 시간에 콜라가 아닌 물을 마시게 해야 한다.

4) 칼로리가 높은 음식과 단 음료에 맛을 들일수록 야채 섭취량이 줄어들 확률이 높다.

5) 물을 자주 마시는 습관은 전 세계 아동 비만 인구를 줄이는 데도 큰 도움이 된다.

박덕은 박사의 건강 상식 · 39

물을 자주 마시는 습관을 길러 비만을 막자.

40
저칼로리 음식에만 의존하지 않아야

제프리 브룬스트롬 교수가 이끄는 영국 브리스톨 대학 연구팀은 성인 36명에게 점심에 일반적으로 조리된 567kcal의 볼로네제 스파게티와 '다이어트 버전'으로 만들어진 374kcal의 볼로네제 스파게티를 각각 5일 동안 먹도록 하고, 매끼마다 맛과 포만감 등 음식에 대한 만족도를 평가했다. 이 연구 결과는 〈미국 영양학 저널(American Journal of Clinical Nutrition)〉(2010년 4월호)에 발표되었으며, 미국 〈ABC방송〉에 2010년 4월 16일 보도되었다.

1) 연구 참여자들은 고칼로리 스파게티든, 저칼로리 스파게티든 첫날에는 음식에 대한 만족도를 비슷하게 나타냈다.

2) 이 중 고칼로리 스파게티를 5일간 점심으로 먹었을 때에는 음식에 대한 만족도가 첫날과 비슷하게 유지된 반면 저칼로리 스파게티를 먹었을 때에는 날이 갈수록 음식에 대한 만족도가 떨어져 5일째에는 평균 30%까지 하락한 것으로 나타났다.

3) 저칼로리 스파게티를 먹으면 포만감이 생각보다 적으면서 음식 자체에 대한 만족도도 줄어드는 것으로 보였다.

4) 이러한 변덕은 요요 현상의 원인이 되곤 한다.

5) 저칼로리 버전 음식에만 의존해서 다이어트를 하다 보면 결국 다이어트를 시도하기 전보다 살이 더 찌기 쉽다.

6) 저칼로리로 만들어진 대체식은 '먹는 기쁨'이 사라져 오랫동안 먹을 수가 없어 다이어트를 포기하고 결국 요요 현상에 빠지게 한다.

박덕은 박사의 건강 상식 · 40
저칼로리 음식에만 의존하는 다이어트를 피하자.

41
식후 무설탕 껌을 씹어야

미국 페닝턴 생물의학연구센터 연구진은 18~54세 남녀 115명에게 똑같이 점심 식사를 하게 한 뒤 절반에게는 점심 뒤 15분 이내에 무설탕 껌을 주고 나머지는 주지 않았다. 연구팀은 3시간 뒤 간식을 제공했다. 이 연구 결과는 다음과 같았다.

1) 무설탕 껌을 씹은 그룹은 달콤한 간식을 찾는 욕구가 줄었다.
2) 무설탕 껌을 씹은 그룹은 간식을 통한 칼로리 섭취가 40%나 줄었다.

박덕은 박사의 건강 상식 · 41
무설탕 껌을 씹어 달콤한 간식을 찾는 욕구를 줄이자.

42
똑똑한 외식법을 익혀야

WE클리닉 조애경 원장이 소개하는 똑똑한 외식법은 다음과 같다.

1) 어떤 메뉴를 고르든 1인분에서 반만 먹는다.

2) 음식을 먹기 전에 먼저 반 이상을 덜어 내고 천천히 먹는다.

3) 외식 약속은 저녁보다 점심으로 정한다.

4) 중식, 갈비, 삼겹살보다는 일식이나 한정식의 열량이 적다.

5) 부침전이나 튀김 대신 찜이나 구이를 선택하고, 비빔밥이나 회덮밥처럼 채소를 많이 먹을 수 있는 음식을 선택한다.

6) 맵고 짜고 향신료가 많이 들어간 음식은 식욕을 증가시키므로 피한다.

7) 세트 메뉴는 절대 피하고, 무조건 단품으로 시킨다.

8) 반찬을 먹는 순서는 가장 먼저 김치부터 시작해 나물, 채소의 순으로 먹는다.

9) 술과 후식은 되도록 피한다. 후식의 열량은 보통 150kcal다.

10) 식사를 하면서 남의 이야기를 듣기보다는 말을 많이 한다. 그래도 속도 조절이 안 되면 중간에 화장실을 가는 등 식사의 맥을 끊는다.

미국 텍사스 주 아그리라이프 연구소 사회학자 알렉스 매킨토시 박사는 부모가 선택한 외식 메뉴에 따라 아이의 건강 상태가 어떻게 달라졌는지를 15개월 동안 살펴봤다. 이 연구 결과는 〈영양학적 삶과 행동 저널(Journal of Nutritional Life and Behaviour)〉(2011년 6월호)에 발표되었으며, 영국 일간지 〈데일리메일〉에 20011년 6월 10일 보도되었다.

1) 외식 메뉴를 엄마보다 아빠가 선택할 때 아이에게 더 오랫동안 영향을 끼치는 것으로 나타났다.

2) 아빠가 건강에 좋지 않은 음식을 메뉴로 정하더라도 아이는 무조건 따라가고 비만아가 될 확률이 높았다.

3) 아빠가 외식 메뉴로 패스트푸드 음식을 선택하더라도 아이는 '아빠도 함께 먹는 것이니까 이런 음식은 괜찮은 거구나'라고 생각했다.

4) 아빠는 아이에게 보상의 뜻으로 외식하러 나가기 때문에 특히 아이가 좋아하는 메뉴를 선택하는 경우가 많았다.

5) 엄마는 직접 음식을 준비하기 귀찮을 때 외식하는 경우가 많아 아이에게 큰 영향을 주는 것은 아니었다.

6) 가족과 함께 저녁을 같이 먹는 횟수가 많은 가정일수록 아이의 건강은 양호한 편이었다.

7) 아빠가 보상의 뜻으로 자주 외식하고 건강에 좋지 않은 메뉴를 자꾸 선택할 때 아이는 비만아가 될 확률이 높았다.

8) 아이의 건강을 위해 아빠는 가족과 외식할 때 메뉴를 신중하게 선택해야 한다.

박덕은 박사의 건강 상식 · 42
가족의 건강을 위해 외식할 때 메뉴를 신중하게 선택하도록 하자.

43
유형별로 다르게 다이어트를 해야

미국 캘리포니아에 있는 '에이멘 행동의학 클리닉'의 진료 국장이자 뇌 전문 정신의학자이며 병리신경학자인 대니얼 에이멘 박사는 과식의 유형을 다섯 가지로 구분하고 각 유형별로 맞춤 식단과 맞춤 운동을 진행해야 다이어트에 효과를 볼 수 있다고 2011년 8월 주장했다.

1) 과식의 다섯 가지 유형: 강박 과식, 충동적 과식, 강박 · 충동적 과식, 정서적 과식, 걱정 과식이다.

2) 다섯 가지 유형의 과식은 원인이 각각 다르기에 문제를 해결하기 위한 방법도 각각 다르다.

3) 무작정 덜 먹고 운동을 많이 하는 천편일률적인 다이어트 방식으로는 효과를 보기 어렵다.

4) 강박 과식자(항상 뭔가를 먹고 싶어하는 집착이 있는 사람): 강박 과식자에게 고단백질 위주로 식단을 꾸리는 황제 다이어트는 효과가 거의 없다. 고단백 음식이 오히려 음식에 집착하는 성향을 더 강하게 만들기 때문이다. 따라서 이들은 오히려 탄수화물 음식을 먹는 것이 더 좋다. 탄수화물 음식을 먹으면 세로토닌(serotonin)이라는 물질이 뇌에서 분비되는데 세로토닌은 사람의 기분을 좋게 만드는 효과가 있다. 이 세로토닌의 역할 덕에 강박 과식자들은 '뭔가를 먹고 싶다'는 강박 관념에서 벗어날 수 있다.

5) 충동적 과식자(평소에는 음식을 잘 참다가 어느 순간 기분이 과하게 좋아지거나 나빠지면서 폭식을 하는 사람): 이들은 탄수화물 음식을 피해야 한다. 충동적 과식자들에게 기분을 고조시키는 세로토닌은 오히려 과식을 유발할 수 있다. 충동적 과식자들은 닭고기 등 육류 위주로 식단을 짜 도파민 분비를 늘리는 것이 바람직하다. 도파민은 사람을 안락하고 편안하게 만들어 순간적으로 기분이 고조돼 폭식을 하는 충동적 과식을 막을 수 있다.

6) 강박 · 충동적 과식자(두 가지 요소를 모두 가지고 있는 사람): 식단보다도 운동에 집중하는 것이 바람직하다. 또 생선 기름에 많이 들어 있는 오메가-3 지방산 섭취를 늘려 몸을 안정시키는 것이 좋다.

7) 정서적 과식자(심리적 허기로 인하여 불필요한 음식을 먹는 사람): 정서적 과식은 주로 스트레스, 수면 부족, 피로 등에서 비롯된다. 스트레스는 폭식, 불면, 피로의 주범이다. 피곤하고 스트레스 받는 날일수록 소식해야 한다. 잠을 못 자면 야식증후군과 신진대사 저하가 오기 쉬우므로 주의해야 한다.

8) 걱정 과식자(폭식을 하면 걱정이 줄어들고 기분이 좋아지는 사람): 술과 카페인을 피하고 아미노산과 글루타민이 풍부한 음식을 먹는 것이 좋다. 아미노산과 글루타민은 브로콜리, 콩, 견과류에 많이 들어 있다.

9) 무작정 음식을 줄이고 운동을 하기보다는 자신이 어떤 유형의 과식자에 속하는지를 아는 것이 중요하다.

10) 과식 유형을 모르고 다이어트를 하면 효과를 보기 어려울 뿐만 아니라 건강에 나쁜 영향을 미치기도 한다.

생생한의원 이성준(비만 치료) 한의사는 2011년 10월 4일 다음과 같이 말했다.

일반적으로 복부비만은 3가지 원인으로 진단되는데, 식적(食積), 담음(痰飮), 단기(短氣)가 그것이다. 이러한 원인들이 독립적으로 존재하거나 같이 복합적으로 발생하여 복부비만이 되는 경우가 가장 일반적이다.

1) 식적이 원인인 경우: 일반적으로 내장의 움직임이 떨어져서 나타나는 비만의 형태이다. 우리가 다이어트를 할 때 팔다리와 근육을 움직여서 다이어트를 하듯이 복부 중심의 다이어트를 하기 위해선 위, 대장, 소장의 움직임이 활발해야 한다. 그런데 장의 기능이 떨어지게 되면 아무리 팔다리를 움직인다 하더라도 복부의 움직임이 그를 뒷받침해 주지 못해 뱃살은 빠지지 않게 된다. 식적으로 인해 복부비만이 생기는 사람들은 장의 움직임을 활발하게 만드는 음식물을 섭취하여야 한다. 가장 일반적인 것이 바로 식이섬유이다. 식이섬유는 소화되지 않는 음식물을 의미하는데 이것은 장내에서 대장의 움직임을 활발하게 하는 데 도움을 주는 필수 요소이다. 주로 고구마나 채소 등에 많이 함유되어 있고, 매실차 역시 대장의 움직임을 활발하게 만들어주는 데 큰 영향을 미친다.

2) 담음이 원인인 경우: 대장의 임파순환이 떨어져서 나타나는 경우이다. 이런 체질을 가진 사람들은 주로 피부가 지루성이어서 얼굴에 기름기가 많고, 비듬이 많이 생기면서 얼굴이 자주 붉어지는 경향이 있다. 이와 더불어 고기를 매우 좋아하는 성향도 이것을 가중시킨다. 또한 뱃속에서 꾸르륵거리는 소리가 많이 나고 대변이 무르고 쉽게 스트레스를 잘 받는다. 담음으로

인한 복부비만은 장의 임파를 편안하게 만들어주는 게 중요하다. 이런 사람들에게 가장 중요한 것은 생강 종류의 음식이다. 즉 카레의 원료인 울금(鬱金)이나 음식에 자주 사용되는 생강 등을 복용하면 복부의 임파 상태가 안정이 되어 복부비만을 해결하는 데 큰 도움을 받게 된다.

3) 호흡의 짧음, 즉 단기가 원인인 경우: 어깨 근육이 굳어서 호흡이 제대로 이뤄지지 못하게 되는 경우이다. 이런 체질을 가진 사람은 어깨의 근육이 심하게 뭉쳐있는데 아무리 마사지를 받아도 이것이 풀리지 않는다. 이는 평소 폐 기능이 떨어져서 숨을 들이마시는 기능 자체가 떨어짐에 따라 몸의 기초대사량이 상대적으로 떨어지게 되어 나타나게 되는 현상이다. 이런 사람은 호흡량을 정상으로 되돌리지 않으면 아무리 운동을 해도 효율이 떨어져서 운동 대비 다이어트의 효과가 제대로 나타나지 않게 된다. 단기로 인해 발생하는 복부비만은 오미자나 귤과 같은 것들을 복용하는 것이 도움이 된다. 오미자는 특유의 신맛을 통해 횡격막에 영향을 줘서 호흡 기능이 커지도록 만들어주며, 귤은 비타민C의 공급을 통해 항산화를 막고 상체에 힘을 줄 수 있게 만들어 준다. 이런 음식을 자주 섭취하면 호흡 기능이 살아나서 인체의 대사 기능을 높이는 데 도움을 받을 수 있다.

한국 건강관리협회 광주 · 전남지부 윤정웅 원장은 일과 건강을 지키기 위한 뱃살 관리 방법을 2012년 1월 다음과 같이 말했다.

1) 일정량 이상의 영양을 섭취하게 되면 과잉된 에너지는 지방 덩어리가 된다. 이때 지방은 신체의 각 부위에 골고루 저장되는 것이 아니라 배와 허리 등 복부를 중심으로 먼저 쌓인다. 그에 비해 복부는 지방의 소비가 가장 늦다. 살이 빠지면 얼굴이 가장 먼저 빠지고, 뱃살이 나중에 빠지는 것도 이 같은 원리 때문이다.

2) 복부(내장 위주)의 지방세포는 혈액으로 쉽게 흘러 들어가기 때문에 혈중 콜레스테롤 수치를 높이는 원인이 된다. 복부비만일 경우 질병의 발생률이 암 5배, 당뇨병 5배, 심장병은 9배로 높아지고 뇌졸중의 위험까지 높아진다. 체지방이 복부에 집중될수록 동맥질환이나 뇌졸중과 관계있는 염증유발물질의 혈중수치가 높아지기 때문이다.

3) 윗배 돌출형(내장비만형): 남성과 여성의 뱃살은 분명 차이가 있다. 여성은 아랫배가 나오고 물렁물렁하다. 그러나 남성의 뱃살은 윗부분이 볼록하게 나오고 딱딱하다. 이는 내장 사이사이에 지방이 꽉 차 있기 때문이다. 남성에게 많은 내장형 비만은 심혈관 질환의 위험을 높이고 고혈압, 당뇨, 고지혈증 등을 복합적으로 유발하기 때문에 위험하다.

4) 아랫배 돌출형(피하지방형): 변비가 심하고 활동량이 부족한 여성이나 운동을 게을리하는 사람에게 잘 나타날 수 있다. 아랫배만 나온 유형은 장운동이 잘 되지 않는 경우로 변비 해결이 우선이다. 식이섬유가 많은 음식이나 과일, 야채를 충분히 섭취하고 물도 많이 마셔야 한다. 짧은 거리는 꼭 걸어 다니고 계단 오르기나 수영 등의 운동을 하는 것이 좋다.

5) 허릿살 처짐형(피하지방형): 출산 경험이 있는 여성이나 폐경기 이후의 여성에게 보이는 유형으로 뱃가죽이 더 두껍게 잡히는 것이 특징이다. 피부는 탄력을 잃고 많이 늘어져 있으며 옷을 입으면 허릿살이 옆으로 삐져나온다. 이 경우 꾸준한 운동과 칼로리를 제한하여 먹는 방법이 필요하다. 식이섬유가 풍부한 거친 음식을 먹고 유산소 운동으로 몸을 다져야 한다. 또 늘어진 피부에 탄력을 주고 피하지방을 없애는 복부운동도 병행하도록 해야 한다. 피부에 탄력을 주는 아로마 마사지도 효과적이다.

6) 복부비만을 줄여 건강한 삶을 유지하기 위해서는 올바른 식습관, 규칙적인 생활과 운동, 정기적인 건강검진이 무엇보다 중요하다.

박덕은 박사의 건강 상식 · 43
원인과 유형별에 따라 다르게 다이어트를 해야 한다.

D · I · E · T

2장

일상생활에서 비만 탈출

01
TV 보는 시간을 절반으로 줄여야

　제니퍼 오튼 교수가 이끄는 미국 버몬트 대학 연구팀은 TV 시청 시간이 하루 평균 3시간 이상인 36명을 대상으로 TV 시청 시간을 줄이면 칼로리 소모가 얼마나 더 많아지는지 실험했다.

　연구 대상자 중 20명은 3주 동안 시청 시간을 절반으로 줄이고, 나머지 16명은 종전대로 시청하도록 해서 두 그룹의 소모 칼로리를 비교했다. 이들의 음식 섭취량은 제한하지 않고 런닝머신 등을 이용한 운동은 따로 하지 못하게 했다. 이 연구 결과는 미국 학술지 〈내과학 기록(Archives of Internal Medicine)〉(2009년 12월호)에 발표되었으며, 미국 건강 웹진 〈헬스데이〉, 온라인 과학 뉴스 〈사이언스데일리〉 등에 2009년 12월 14일 보도되었다.

1) TV 시청을 줄이고 집안일, 산책, 요가 등 가벼운 신체 활동을 하는 것만으로도 칼로리 소모 효과가 있는 것으로 나타났다.

2) TV 시청을 줄인 그룹은 그렇지 않은 그룹에 비해 하루 평균 120kcal를 더 소모했다. 이는 하루에 1.6km를 걷는 것과 같다.

3) TV 시청을 줄이는 것이 체중 감량으로 직접 이어지지는 않았지만 비만이나 과체중 예방에 긍정적인 영향을 미친다는 것이 확인됐다.

4) TV 시청을 줄이면 만성수면장애도 완화될 수 있다.

　미국 텍사스 A&M건강과학센터 에우게니오 로페즈 박사의 한마디.

　"좋은 정보지만 사람들이 생활습관을 바꾸지 않으면 무용지물이다. 작은 변화가 큰 변화의 시작이다."

박덕은 박사의 건강 상식 · 44
살 뺄 수 있는 환경을 조성하자.

02
천천히 다이어트를 진행해야

　미국 일리노이 대학 그레고리 프룬드 교수는 다이어트와 신체의 반응에 대해 조사했다. 이번 연구는 실험용 쥐에게 24시간 동안 먹이를 주지 않는 '단기 다이어트'를 실행한 뒤 반응을 관찰하는 방식으로 진행됐다. 연구팀은 쥐를 두 그룹으로 나누고 12주 동안 한 그룹에게만 칼로리가 낮은 먹이를 주면서 다이어트에 적응하도록 했다. 이후 24시간 동안 먹이를 끊고 관찰했다. 이 연구 결과는 학술지 〈비만〉에 2011년 6월 발표되었으며, 미국 과학 논문 소개 사이트 〈유레칼러트〉, 과학 뉴스 사이트 〈사이언스데일리〉 등에 2011년 6월 23일 보도되었다.

1) 12주 동안 칼로리가 낮은 먹이를 주면서 다이어트에 적응하도록 한 뒤 24시간 동안 먹이를 끊자 다이어트에 적응이 된 쥐들의 체중은 18%가 감소해 일반 쥐(체중 감소율 5%)에 비해 훨씬 많이 살이 빠졌다.

2) 이는 다이어트에 적응한 쥐들의 신경 체계는 음식이 끊긴 상황을 다른 쥐에 비해 덜 심각하게 인식하기 때문이다.

3) 일반 쥐는 갑자기 24시간 동안 먹이가 끊기자 다이어트를 '몸에 해로운 일이 생겼다'고 간주하고 면역 시스템을 가동하기 시작했다. 즉 영양이 공급되지 않아도 살아남기 위해 소모하는 칼로리를 최대한 줄이는 방식으로 신경 체계를 움직이는 것이다.

4) 단기 다이어트 시도가 효과가 없어 보이는 것은 신경 체계의 저항 때문이다. 이를 이겨내려면 다이어트를 보다 천천히, 그리고 지속적으로 할 필요가 있다.

5) 몸의 신경 체계는 단기적으로 다이어트에 대항하는 역할을 한다.

6) 다이어트를 시작한 뒤 하루 이틀 노력해도 성과가 보이지 않는 현상은 단기적으로 다이어트를 하면 몸이 이에 맞서 저항하기 때문에 빚어진 것이다. 하루 이틀 굶는 방식의 다이어트

로는 큰 효과를 볼 수 없는 이유가 여기에 있다.

7) 천천히 다이어트를 진행하면 이런 신체의 저항을 줄일 수 있다.

박덕은 박사의 건강 상식 · 45

신경 체계의 저항 없이 성공적인 다이어트를 하려면, 보다 천천히, 보다 지속적으로 해야 한다.

03
보상이 있어야

미국 비영리기구 RTI 연구진은 살찐 직장인을 세 그룹으로 나눠 몸무게 1% 뺄 때마다 0달러, 7달러, 14달러를 각각 주겠다고 했다. 3개월 뒤 결과는 다음과 같았다.

케빈 볼프 교수가 이끄는 미국 펜실베니아대 의과대학 연구팀은 돈을 걸고 하는 복권식 또는 예금식 다이어트의 효과를 측정했다. 복권식은 정해진 감량 목표를 달성할 경우 참가자가 3달러 가량의 복권을 뽑아 돈을 받는 방식이다. 예금식은 감량 시작 때 참가자가 자신의 돈을 맡겨 놓고 감량에 성공하면 돈을 돌려받고, 그렇지 못할 경우 돈을 잃는 방식이었다. 연구팀은 비만자 57명을 대상으로 16주 동안 7kg을 빼는 것을 목표로 실험에 들어갔다. 참여자들은 복권팀, 예금팀, 아무 보상이 없는 대조팀으로 각각 나뉘었다. 이 연구 결과는 〈미국 의학협회 저널(Journal of the American Medical Association)〉 온라인판에 2008년 12월 10일 발표되었으며, 미국 의학 웹진 〈헬스데이〉, 영국 일간지 〈텔레그래프〉 온라인판 등에 2008년 12월 9일 보도되었다.

1) 돈을 걸고 감량에 나선 복권팀과 예금팀은 대조팀에 비해 체중 감량 성공률이 눈에 띄게 높았다. 16주 경과 뒤 복권팀은 평균 5.9kg을, 예금팀은 6.4kg을 감량한 데 비해, 대조팀의 감량은 1.8kg에 불과했다.

2) 몸무게 7kg 감량 목표를 달성한 비율도 복권팀 참가자에서 52.6%, 예금팀 참가자에서 47.4%에 달한 반면, 대조팀에선 10.5%에 그쳤다.

3) 체중 감량 성공으로 돈을 딴 액수는 복권팀이 평균 40만 원, 예금팀이 평균 55만 원 정도였다.

4) 대부분의 체중 감량이 그렇듯 다시 체중이 원상태로 돌아가고자 하는 이른바 '요요 현상'은 이번 실험 참가자에게도 여지없이 나타났다. 7개월 뒤 대부분 체중이 다시 늘었지만, 실험을 시작할 당시의 체중보다는 적었다.

5) 자기 돈일지라도 경제적 보상을 하는 전략이 체중 감량에 효과가 매우 좋은 것으로 나타났다.

박덕은 박사의 건강 상식 · 46
자기 돈일지라도 경제적 보상을 하는 전략을 세워 체중 감량에 도전하자.

04
의지력을 키워야

켈리 게이스켄즈 박사가 이끄는 벨기에 레시우스 호지스쿨 마케팅과 연구팀이 '캔디 제조업체에서 소비자 연구 중'이라며 여대생들을 대상으로 실험을 실시했다.

1) 사탕이나 초콜릿 등과 같은 달콤한 식품을 통해 다이어트에 대한 의지력을 강화할 수 있다는 결과를 얻어냈다.

2) 사탕이나 초콜릿과 같이 휴대하기 쉬운 식품을 가지고 다니며 자제력을 키우는 연습을 하면 식욕을 이기는 의지력이 생겨 다이어트 효과를 볼 수 있다.

박덕은 박사의 건강 상식 · 47
자제력 키우는 연습을 부단히 하여 식욕을 이기는 의지력을 강화시키자.

05
자존감을 키우며 다이어트 해야

　　로브 멧칼프 교수가 이끄는 미국 애리조나 대학 연구팀은 '자존 감 지키며 다이어트 하기' 10계명을 2010년 4월 다음과 같이 제시 했다. 이는 미국 스포츠의학학회에 2010년 4월 9일 발표되었으며, 영국 온라인 의학 전문지 〈메디컬뉴스투데이〉에 2010년 4월 9일 보도되었다.

　　1) 자신의 과거를 기억하고 존중한다: 지나간 일과 경험은 자신의 몸 이미지에 대한 인식을 형 성한다. 항상 자기의 개인적인 이야기를 기억하고 앞으로 더 좋게 살기 위해 어떤 것을 취하 고 무엇을 조절할 수 있는지 좀더 신중하게 생각한다.

　　2) 자기 위치를 스스로 받아들인다: 현재 자신의 몸 이미지가 어느 상태인지 정확하게 받아들 이려고 노력한다. 스스로를 받아들이는 자세는 자기가 가진 에너지를 앞으로의 행동을 바꾸 는 데 쓸 수 있도록 해준다.

　　3) 긍정적인 관점에서 본다: 특정 상황을 어떻게 받아들이냐에 따라 결과가 좋아질 수도, 나빠 질 수도 있다. 무엇이든 할 수 있다는 생각이 중요하다.

　　4) 자신과 대화한다: 긍정적으로 자신과 대화하면 그동안 의식하지 못했던 자기 마음과 자기 스스로를 바라보는 방법에 큰 변화를 주게 된다.

　　5) 비교하는 습관은 버린다: 아름다움은 다양한 요소와 관점의 조합이 만들어낸다. 다른 사 람과 비교하지 않고 자신을 특별하게 만들 수 있는 아름다움을 찾아내고 그것을 표출한다.

　　6) 자아 존중감을 높인다: 항상 도전하는 자세와 함께, 자신에게 익숙한 패턴에서 벗어나 새로 운 일이나 기술을 시도해본다. 자기 능력에 대한 자신감이 커지는 것을 느낄 수 있다.

　　7) 주변을 환하게 만들고 현실에서 즐거움을 찾는다: 삶을 즐기려면 현실에 무게를 가장 많이 두고 순간순간 소중함을 느끼는 자세가 필요하다. 미래를 예측하면서 균형적인 시각에서 바 라보고, 지나간 일을 기억하되 현재를 가장 중요하게 생각해야 한다.

　　8) 스스로를 보상한다: 상을 한 가지 만들어 자기 몸 이미지를 긍정적으로 바꾸기 위해 노력했

"

을 때마다 스스로에게 인센티브를 준다. 일간, 주간, 월간 인센티브는 자기가 얼마나 건강을 위해 노력했는지 알 수 있게 해준다. 긍정적인 사람이라면 자기를 돌보기 위해 스스로 상을 받는 이벤트를 마련해 볼 필요가 있다.

9) 계획에 차질이 생기면 유연하게 대처한다: 살 빼기 프로그램 도중 감정적으로 무언가를 대처하기 힘들고 꽉 막힌 것 같은 순간이 있다. 그럴 때는 가끔씩 쉬는 시간을 유연하게 갖는다.

10) 친구들과 연락을 자주 한다: 자신을 뒷받침하고 도와주는 친구들이나 가족들과 연락을 유지한다.

박덕은 박사의 건강 상식 · 48
다이어트에 성공하기 위해 자아 존중감을 높이자.

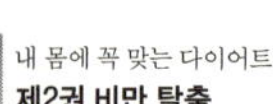

06
자기 몸에 대해 긍정적으로 생각해야

　미국 템플 대학 연구팀은 18~24세 여성을 두 그룹으로 나눠, 한 그룹은 자신의 신체에 대해 긍정적으로 생각하도록 상담해 주고, 다른 그룹은 이런 상담 없이 운동 프로그램에 참가하도록 하면서 8주 후에 분석했다. 연구 결과는 다음과 같았다.

1) 신체 이미지에 대한 상담이 없었던 그룹은 0.5kg 이하로 살이 빠졌다.
2) 신체 이미지에 대해 상담했던 그룹은 1.5kg이 빠져 다른 그룹에 비해 3배나 빠졌다.

　테이세이라 교수가 이끄는 포르투갈 리스본 기술대학과 영국 뱅고르 대학 연구팀은 과체중이나 비만한 여성들을 대상으로 1년 동안 체중 감량 프로그램을 실시했다. 연구팀은 참여자를 반으로 나눈 뒤 한 집단에게는 몸에 좋은 영양소, 스트레스 관리, 자신을 보살피는 것의 중요성 등에 대한 '일반적인 건강 정보'를 제공했다. 또한 집단에게는 30주 그룹 세션에 참여해 집단 토의를 하게 했다. 토의 주제는 운동, 음식에 대한 과도한 집착, 자신의 신체에 대해 스스로가 갖고 있는 이미지의 개선, 체중 조절에 장애가 되는 개인적 요인들에 대한 인식과 극복 방안, 다이어트에서 깜빡하고 저지르는 실수 등이었다. 이 연구 결과는 〈행태적 영양과 신체 활동 국제 저널(International Journal of Behavioral Nutrition and Physical Activity)〉(2011년 7월호)에 발표되었으며, 과학 논문 사이트 〈유레칼러트〉에 2011년 7월 17일 보도되었다.

1) 자신이 스스로의 신체에 대해서 가지는 이미지를 긍정적인 방향으로 개선하면 다이어트와 운동을 기반으로 하는 체중 감량 프로그램의 효과가 커졌다.

2) 후자의 집단은 자신의 신체를 긍정적으로 받아들이게 됐으며 자신의 신체 형태나 덩치에 대한 걱정이 줄어들었음을 느꼈다. 이들은 자신의 식사를 조절하는 능력이 향상됐으며 체중도 1년 전 프로그램을 시작할 당시에 비해 평균 7% 줄어들었다.

3) 일반적인 건강 정보만 제공받은 참여자들의 평균 체중은 2%에도 못 미치게 줄어들었다.

4) 비만이나 과체중인 사람들은 자신의 신체에 대해 부정적인 이미지를 가진 경우가 매우 많은데 이는 간식을 즐기거나 기존의 식사 패턴을 더욱 완고하게 유지하는 결과를 낳는다.

5) 자신이 스스로의 신체에 대해 가지고 있는 이미지를 개선하는 것, 특히 다른 사람들이 나를 어떻게 볼까 하는 걱정을 줄여 주는 것이 식습관을 긍정적으로 바꾸는 것과 강한 상관관계가 있었다.

박덕은 박사의 건강 상식 · 49

스스로의 신체에 대해서 가지는 이미지를 긍정적인 방향으로 개선하자.

07
심신 기법을 익혀야

미국 예일 대학 연구팀은 2004년 다음과 같은 연구 결과를 발표했다.

1) 스트레스를 받으면 스트레스 호르몬인 코르티솔 분비가 촉진되면서 식욕이 늘고 복부지방이 축적된다.
2) 스트레스를 많이 받는 사람은 허벅지살보다 뱃살이 많이 찌며 코르티솔 농도가 더 높은 것으로 나타났다.
3) 스트레스를 받으면 몸은 살아남기 위해 생존 모드에 들어가 식욕이 증가하게 된다.

카롤린 호워스 교수가 이끄는 뉴질랜드 오타고 대학 연구팀은 2년 동안 225명의 과체중 및 비만 여성들을 세 그룹으로 나눠 각기 다른 방법으로 체중 감량을 시도했다. 첫 번째 그룹은 '심신 기법'이라는 프로그램에만 참가했다. 이들은 이 프로그램을 통해 명상, 복식 호흡, 요가에 참여했으며, 미래의 자기 모습을 상상했다. 운동과 식이요법 등 전통적인 살 빼기 방법은 동원되지 않았다. 두 번째 그룹은 전통적인 살 빼기 방법대로 운동을 하고 건강식을 먹도록 했다. 세 번째 그룹은 영양 정보만을 제공 받았다. 2년 뒤 결과를 분석했다. 이 연구 결과는 〈예방의학 저널(Journal Preventive Medicine)〉(2009년 1월호)에 발표되었으며, 영국 일간지 〈텔레그래프〉, 뉴질랜드 일간지 〈오타고 타임스〉 온라인판에 2009년 1월 20일 보도되었다.

1) 세 그룹 중 감량에 성공한 것은 첫 번째 그룹이 유일했다. 감량은 평균 2.5kg이었다.

2) 전통적인 살 빼기 방법인 운동과 건강식에 집중한 두 번째 그룹 역시 체중이 늘어나지는 않았지만 그렇다고 줄지도 않았다. 세 번째 그룹도 마찬가지였다.

3) 2년이라는 짧지 않은 기간이 지난 뒤 심신이 모두 건강한 상태를 유지한 것은 명상을 병행한 첫 번째 그룹이 유일했다.

4) 첫 번째 그룹은 자신의 미래상을 상상하면서 명상과 요가만 하고 별다른 살 빼기 요법을 시행하지 않았는데도 결과적으로 유일하게 살 빼기에 성공했다.

5) 중도 탈락자 중에는 살 빼기에 지나치게 집착한 사람이 많았다. 이들은 살 빼기에 과도하게 집중함으로써 스트레스를 받았고, 스트레스 해소를 위해 술 또는 단 음식 등 해로운 음식을 먹으면서 살을 뺄 수 있는 기회를 오히려 놓치는 것으로 나타났다.

6) 적절한 휴식을 잘 취하고 감정을 조절하는 생활법을 몸에 익혀야 살 빼기에 성공할 수 있다. 그렇지 못하면 해롭고 살을 찌우는 음식들의 유혹에서 벗어날 수 없으며 결국 과도한 식사 조절과 그 뒤를 잇는 폭식 등의 악순환에서 벗어날 수 없다.

앨런 크리스탈 박사가 이끄는 미국 프레드 허친슨 암 연구센터 연구팀은 헬스클럽에서 운동하는 300여 명을 대상으로 이들이 하는 운동과 체질량 지수(BMI, 비만도를 나타내는 지수)를 조사했다. 이 연구 결과는 〈미국 영양학회 저널(Journal of the American Dietetic Association)〉(2009년 8월호)에 발표되었으며, 미국 건강 웹진 〈헬스데이〉에 2009년 8월 27일 보도되었다.

1) 요가를 하는 사람의 체질량 지수가 23.1로 다른 운동을 하는 사람의 체질량 지수 25.8보다 눈에 띄게 낮았다.

2) 요가 수업을 받은 사람이 '의식적인 식생활 조절(식사하기 전에 칼로리를 계산하고 먹는 양을 줄이는 것처럼 생각을 하면서 식사하는 행위)'을 더 잘하는 것으로 나타났다.

3) 요가는 신체적으로 힘든 상황에서도 마음의 안정을 유지하는 법을 익힐 수 있다.

4) 맛있는 음식에 유혹되거나 스트레스를 음식으로 풀려고 할 때처럼 힘든 상황에서도 요가를 배운 사람은 마음의 안정을 유지할 수 있어 '의식적인 식생활'을 더 잘하는 것으로 보였다.

지니 맥캐퍼리 박사가 이끄는 미국 미리암 병원 연구팀은 정상 체중 18명, 비만 16명, 다이어트로 13kg 이상 감량한 후 3년 넘게 유지한 사람 17명을 대상으로 식탐의 정도를 뇌 사진으로 관찰했다.

 내 몸에 꼭 맞는 다이어트
제2권 비만 탈출

공복 상태를 만들기 위해 4시간 동안 아무 것도 먹지 않은 이들에게 연구진은 치즈버거나 핫도그 같은 고칼로리 음식, 샐러드나 야채와 같은 저칼로리 음식, 바위나 나무 같은 중성적 사진들을 보여 주면서 이들의 뇌 활동을 자기공명영상(MRI)으로 촬영했다. 이 연구 결과는 〈미국 임상 영양학 저널(American Journal of Clinical Nutrition)〉(2009년 9월호)에 발표되었으며, 미국 온라인 과학 뉴스 〈사이언스 데일리〉, 미국 의학 웹진 〈메디컬뉴스투데이〉 등에 2009년 9월 15일 보도되었다.

1) 감량 상태를 유지하는 사람의 뇌 활동은 다른 그룹과 확연히 달랐다.
2) 맛난 음식을 봤을 때 이들의 뇌에선 좌뇌 윗부분과 우뇌 중간 부분이 강하게 활성화됐다. 이는 자제력이 강력하게 발동하고 있다는 증거다.
3) 감량 상태를 유지하는 비결은 마인드 컨트롤에 있었다.

박덕은 박사의 건강 상식 · 50
다이어트에 성공하려면, 적절한 휴식을 취하고 감정을 잘 조절하는 생활법을 몸에 익혀야 한다.

08
하루 1시간 이상 웃어야

영국의 신경과학자 헬렌 필처 박사는 다음과 같이 밝혔다.

1) 1시간 웃을 때 소모되는 열량이 헬스클럽에서 30분 동안 무게 들기 운동을 하거나 40분 동안 진공청소기를 돌릴 때 소비하는 열량과 비슷하다.

2) 크게 웃을 때 가슴 부위가 커지면서 올라간 허파를 밑에서 떠받치기 위해 배 근육은 열심히 움직이게 되고 얼굴 운동도 동시에 된다.

3) 웃을 때 얼굴 근육이 15개 이상 움직여야 하므로 피부가 유연해지고 건강해진다.

4) 하루 1시간 투자해 웃는 것은 몸매 유지에 좋은 방법이다.

5) 다만 TV를 보면서 음식을 먹지 말아야 한다.

박덕은 박사의 건강 상식 · 51

최상의 건강과 몸매 유지를 위해 하루 1시간 이상 웃자.

09
배우자의 사랑 지원을 받아야

주디 파이슬리 교수와 주디 로스 교수가 이끄는 캐나다 라이어슨 대학 영양학과 연구팀은 부부 20쌍과 부녀 1쌍을 대상으로 다이어트할 때 같이 식사하는 사람이 어떤 영향을 주는지에 대해 조사했다.

이 연구 결과는 〈영양교육과 행동 저널(The Journal of Nutrition Education and Behavior)〉(2009년 3월호)에 발표되었으며, 미국 케이블TV 〈폭스뉴스〉 온라인판에 2008년 3월 28일 보도되었다.

1) 대부분의 배우자가 상대방의 다이어트에 힘을 주고 있는 반면, 일부는 상대방의 다이어트에 거부 반응을 보이면서 노골적으로 다이어트를 방해한 것으로 나타났다.

2) 환자가 비만뿐 아니라 당뇨병, 심장병, 알레르기 등으로 식사를 조절해야 하는데도 배우자가 협조하지 않는 경우가 있었다. 이는 배우자의 건강을 파괴하는 것인데도 이에 대한 인식은 부족한 편이었다.

3) 배우자의 다이어트에 협조하지 않는 태도에는 배우자의 허리 사이즈가 줄면 부부관계의 역학이 바뀔까 봐 두려워하는 심리나 자신에 대한 부정적인 감정 등이 깔려 있었다.

4) 자기 자신에 대한 부정적인 감정이 배우자에게 투사될 때 상대편은 모욕감을 가졌다.

5) 이럴 경우 다이어트가 실패하는 것은 물론 부부 관계에서도 금이 갔다.

6) 다이어트에 들어가는 사람은 솔직한 대화를 통해 배우자의 이해를 구해야 한다.

7) 사랑이 다이어트를 성공하게 만들고 다이어트를 통해 사랑이 다져지기도 한다.

> **박덕은 박사의 건강 상식 · 52**
> 다이어트에 성공하려면 진지한 대화를 통해 배우자의 이해를 구해야 한다.

10
다이어트 일기를 써야

미국 의료기관 카이저 퍼머넌트 건강연구센터 연구팀의 분석 결과는 다음과 같았다.

1) 참가자들은 하루 500kcal 정도 음식 섭취량를 줄이고 30분 이상 운동하면서 음식의 종류와 칼로리, 운동 시간을 기록해 20주 동안 평균 6kg을 감량했다.

2) 똑같이 식사 조절과 운동을 해도 다이어트 일기를 쓴 사람이 체중을 더 많이 줄였다.

3) 다이어트 일기를 일주일에 6번 이상 쓴 사람은 평균 8kg을 감량한 반면 쓰지 않은 사람은 평균 4kg을 감량했다.

박덕은 박사의 건강 상식 · 53
효과적인 체중 감량을 위해 다이어트 일기를 꼬박꼬박 쓰자.

11
전화로 건강 상담을 받아야

네덜란드 자유 대학 연구팀은 과체중인 사람을 다이어트 안내서
만 받은 집단(A), 전화로 1:1 상담을 받은 집단(B), 이메일로 1:1 상
담을 받은 집단(C) 이렇게 세 집단으로 나눠 6개월 동안 진행했다.
연구 결과는 다음과 같았다.

1) 안내서만 받은 그룹(A)보다 전화로 상담 받은 그룹(B)은 1.5kg, 이메일로 상담 받은 그룹(C)
은 0.6kg 살이 더 빠졌다.

2) 전화로 상담 받은 그룹(B)은 운동량이 가장 많았다.

3) 전화로 상담 받은 사람들은 대화를 나누는 과정에서 다이어트를 계속 해야 한다는 생각을
지속시키는 것 같았다.

4) 얼굴을 보면서 하는 상담이 부담스럽거나 시간적인 여유가 없는 사람에게는 전화나 이메
일 상담이 좋다.

박덕은 박사의 건강 상식 · 54
다이어트에 대한 생각을 지속시키기 위해 전화나 이메일로 전
문가와 다이어트 상담을 하자.

12
규칙적인 운동 습관을 가져야

에릭 헤밍슨 교수가 이끄는 스웨덴 카롤린스카대 대학병원 연구팀은 허리둘레가 34.6인치를 넘는 30~60세 비만 여성 120명을 대상으로 18개월간 출퇴근 때 운동량을 늘릴 수 있는지를 실험했다. 연구팀은 실험 대상자들을 실험군과 대조군으로 나누었다. 먼저 두 그룹 모두에게 만보계를 제공하고, 실험 대상자들끼리 매주 조 모임을 두 차례 갖도록 시켰다. 그런 뒤 실험군 사람들만 의사와 개인 상담을 받게 해 운동 처방을 받도록 하고 조별 모임도 더 자주 열도록 했다. 특히 실험군에는 출퇴근 시에 탈 수 있는 여성용 자전거를 주면서 격려했다. 이 연구 결과는 〈비만 국제 저널(International Journal of Obesity)〉(2009년 5월호) 온라인판에 발표되었으며, 미국 온라인 과학 뉴스 〈사이언스데일리〉, 과학 논문 소개 사이트 〈유레칼러트〉 등에 2009년 5월 5일 보도되었다.

1) 실험군의 39%가 하루에 2km 이상 자전거를 탄 것으로 나타났다.

2) 대조군은 약 9%만이 2km 이상 자전거를 탔다.

3) 실험군은 자전거를 더 탔지만 걷는 양도 줄어들지 않았다.

4) 실험군이 이런 성적을 거둘 수 있었던 것은 자동차 이용량을 34% 줄여 그 시간에 걷기와 자건저 타기를 했기 때문이다.

5) 자전거는 당뇨와 심장병을 예방할 수 있는 최고의 운동이다.

6) 자전거 도로 등 사회적 기반을 갖추고 주변 사람의 격려까지 더해진다면 뚱뚱한 사람도 열심히 자전거를 타는 풍토가 조성될 수 있다.

미국 노스웨스턴대 의과대학 비만 전문가 로버트 쿠시너 교수는 〈비만(Obesity)〉 저널에 '사람과 개가 함께 운동을 하면 양쪽 모두 이익이다'라는 연구 결과를 2006년에 발표했다. 그 후 로버트 쿠시너 교수는 과체중인 사람 92명을 대상으로 1년 동안 다이어트 프로그램을 진행했다. 이들은 식사 조절 상담을 받고 일주일에 적어도 30분씩 3회를 걸었는데, 이들 중 36명은 뚱뚱한 개와 함께 걸었다. 뚱뚱한 개들도 똑같이 식이요법을 병행했다. 1년 뒤 이들의 몸무게를 측정했다. 이 연구 결과는 미국 건강 웹진 〈헬스데이〉, 방송 〈MSN〉 온라인판 등에 2009년 6월 11일 보도되었다.

1) 개와 함께 운동한 사람은 평균 5kg이 빠진 반면 혼자 운동한 사람은 2.1kg만 빠진 것으로 나타났다.

2) 뚱뚱했던 개 역시 15% 정도의 체중 감량에 성공했다.

3) 개와 함께 운동하면 더 활동적으로 움직이게 될 뿐 아니라 운동하는 재미도 있어 꾸준히 운동할 수 있다.

4) 야외에서 걷는 것은 개도 좋아하기 때문에 사람과 개에게 모두 도움이 된다.

5) 개는 줄로 연결된 자연 트레드밀(일종의 런닝머신)이다.

6) 개는 비가 오나 눈이 오나 언제라도 문밖에 나가면 뛸 준비가 돼 있는 훌륭한 조깅 파트너다.

피츠버그 대학 메디컬 센터 마취학과의 다운 마커스 교수도 한마디.

"개와 함께 뛸 때 옆 사람과 말을 할 수 없을 정도로 숨이 가쁘면 너무 빨리 뛰는 것이므로 속도를 줄이는 식으로 조절하면 된다."

제이콥 조지 교수가 이끄는 호주 시드니 대학 웨스트미드 병원 연구팀은 체질량 지수(BMI) 30 이상의 비만 성인 19명 중 12명은 4주 동안 자전거를 타게 했고 나머지 7명은 스트레칭만 하도록 했다. 4주 뒤 이들의 지방간 정도를 간트리글리세리드 수치(HTGC)와 간

지질 포화지수 등으로 측정했다. 이들의 복부지방, 심혈관의 건강 정도, 혈액, 키, 몸무게 등도 측정했다. 이 연구 결과는 미국 간질환학회가 발간하는 〈간장학(Hepatology)〉(2009년 9월호)에 발표되었으며, 미국 논문 소개 사이트 〈유레칼러트〉, 온라인 과학 뉴스 사이트 〈사이언스데일리〉 등에 2009년 9월 9일 보도되었다.

1) 운동을 했다고 살이 더 빠지지는 않았다.
2) 운동을 한 그룹은 간트리글리세리드 수치는 21%, 복부지방은 12% 떨어지면서 '속 건강'이 눈에 띄게 좋아졌다.
3) 규칙적으로 유산소 운동을 하면 비만인 사람의 지방간이 좋아질 수 있다.
4) 비만인 사람이 운동을 하면 심장병이나 당뇨병 위험도 줄일 수 있다.

보건복지부는 2010년 전국 3,840가구의 만 1세 이상 가구원 1만 명을 대상으로 '2010년 국민건강영양조사'를 실시했다. 조사는 비만, 고혈압, 당뇨병 등 검진 및 건강 설문 조사, 영양 조사 등으로 나눠 36개 영역, 525개 항목에 걸쳐 이뤄졌다. 이 연구 결과는 〈세계일보〉에 2011년 11월 14일 보도되었다.

1) 성인 비만율은 30.8%로 나타났고, 남성의 비만율(36.3%)이 여성(24.8%)에 비해 훨씬 높았다.
2) 성인 남성 비만율은 국민건강영양조사가 시작된 1998년 이후 최고치인 반면, 여성의 비만율은 역대 최저치였다.
3) 연령대별로는 남성의 경우 30~40대(30대 42.3%, 40대 41.2%), 여성은 60~70대(60대 43.3%, 70대 34.4%)의 비만율이 가장 높았다.
4) 비만은 에너지 섭취량이 많고 신체 활동이 적은 생활습관과 상관관계가 많은 것으로 나타났다.
5) 30~40대 남성의 에너지 섭취량은 각각 영양 섭취 기준에서 30대는 112.5%, 40대는 105.6%에 달했지만 중등도 이상 신체 활동 실천율은 30대는 23.6%, 40대는 23%로 낮았다.
6) 60~70대 이상 여성의 중등도 이상 신체 활동 실천율도 60대는 18.9%, 70대는 13.3%에 불과했다.
7) 뚱뚱한 사람은 정상 체중인 사람에 비해 각종 질환의 발병 위험이 높았다. 고혈압 2.5배, 당

뇨병 2배, 고콜레스테롤혈증 2.3배, 저HDL(고비중 리포단백질)콜레스테롤혈증 2.2배, 고중성 지방혈증 2.4배로 높게 나타났다.

한림대 의과대학 강남성심병원 가정의학과 최민규 교수는 다음 과 같이 조언했다.

1) 300kcal를 소모하려면 보통 1시간에서 1시간 30분 정도 운동해야 한다. 격렬한 운동보다 는 걷기, 천천히 달리기처럼 중간 수준의 유산소 운동이 효과적이다.
2) 사무실에 앉아서 근무하는 사람들은 하루에 2, 3번씩 앉았다 일어서기, 줄넘기, 계단 오르 기, 팔굽혀펴기 같은 운동을 10~15분씩 골고루 반복하면 운동 효과가 있다.
3) 자투리 운동법은 자신이 평소에 즐겁게 할 수 있는 것 중에서 몸을 움직이고 에너지를 소모 하기에 적당한 것이라면 어떤 것이든 좋다.
4) 자투리 운동법은 운동량이 적기 때문에 당장 효과가 나타날 수는 없다.
5) 6개월에서 1년 정도 자투리 운동을 지속하다 보면 생활습관으로 굳어져 그때부터 체중을 유지하고 감량하는 효과를 볼 수 있다.

김경수 교수의 한마디.
"가정에서는 TV리모컨을 사용하지 않았을 때 운동량이 2배로 증 가했다는 논문이 발표된 적도 있다. 엘리베이터를 2층 정도 미리 내려서 계단을 이용하거나, 되도록 버스나 지하철 같은 대중교통을 이용하는 것도 자투리 운동법이라고 할 수 있다."

한국체육대학 체육학부 정현택 교수의 한마디.
"운동선수들은 대회가 있건 없건 똑같은 일정으로 꾸준히 운동 을 해야 기초대사량과 근육량이 유지돼 비만을 예방하고 기량을 높 일 수 있다. 운동선수에게 있어 운동은 하나의 생활습관이다."

미국 베일러 대학 운동생리학 연구팀은 30분 동안 서킷을 돌면서 30초마다 다른 기구나 스테이션으로 이동하면서 근력 강화, 유산소 운동, 스트레칭을 동시에 진행하는 서킷 트레이닝(circuit training, 기초 체력을 다지는 순환 훈련 방법)을 진행시켰다.

1) 30분 순환 운동의 원리는 근력 운동과 유산소 운동을 교대로 하기 때문에 일반 유산소 운동만 하는 경우보다 3배 이상의 지방 연소 효과가 있으며, 기초대사량을 증가시켜 체중 감량과 체질 개선에 탁월한 효과가 있었다.

2) 인터벌 트레이닝(한 가지 운동을 강약을 조절해서 하는 운동 방법) 시 저강도에서 고강도로 올리는 과정에 체내 교감신경계 호르몬의 하나인 '카테콜라민'이라는 물질이 분비되는데, 바로 이물질이 체지방 연소를 촉진시키는 역할을 한다.

3) 각기 다른 근육들을 단련시키는 10~12종의 운동 기구를 정해진 30분 동안 2세트씩 한 번에 운동하는 서킷 트레이닝을 해주면, 1회 운동에 전신을 2세트씩 단련시키기 때문에 전체적으로 바디라인을 탄력 있게 만들어 준다.

박덕은 박사의 건강 상식 · 55

꾸준히 운동을 하면 기초대사량과 근육량이 유지되므로 비만을 막을 수 있다.

13
자기 몸에 맞는 운동을 해야

경희대학 동서신의학병원 스포츠의학센터 박수연 교수는 몸 상태 따라 달라지는 '내게 맞는 운동'을 2009년 6월 23일 다음과 같이 소개했다.

1) 걷기: 노인, 골다공증 환자, 비만자에게 좋다. 혈액순환이 잘 안 돼 손발이 자주 저린 사람에게도 좋다. 하체 비만은 걷기로 살을 빼기 힘들지만, 상체 비만은 걷기, 달리기를 하면 잘 빠진다.

2) 자전거 타기: 체력이 약하거나 관절이 안 좋은 사람에게 좋다. 요통이 있다면 실내용 자전거를 타면 좋다. 칼로리 소모가 적어 체중 감량 효과는 걷기, 달리기보다 낮다.

3) 달리기: 젊은 사람에게 좋으며, 체중이 많이 나간다면 발목에 부담이 될 수 있다. 골다공증 예방에 좋지만, 현재 골다공증 환자라면 위험하다. 속도는 옆사람과 이야기할 수 있고 약간 헐떡이는 수준으로 뛴다.

4) 등산: 관절이 약하거나 체력과 근력이 떨어진다면 오히려 통증이 생기거나 다칠 수 있다. 경사도가 30% 이상이면 무릎과 관절에 부담이 가므로 완만한 경사에서 시작하는 것이 좋다.

5) 수영: 심폐기능이 좋지 않거나 퇴행성관절염이 있는 사람에게 좋다. 특히 자유형, 배영, 물장구치는 동작이 좋으며, 접영이나 평형은 피한다. 오십견이 있다면 따뜻한 물속에서 팔 운동을 하면 좋다. 혈압이 높다면 수영보다 걷기가 좋다.

6) 근력 운동: 근육량이 적거나 근육량의 좌우대칭이 안 맞다면 근력 운동이 좋다. 좌우 근육량이 다르면 다칠 위험이 크다. 몸 상태에 따라, 또 질환에 따라 각자 맞는 운동이 따로 있다. 잘 고르면 만병통치약이 될 수 있지만 잘못 고르면 오히려 병을 얻거나 진행시킬 수 있는 게 운동이다. 각자에게 맞는 운동을 골라야 건강을 챙길 수 있다.

생활 속에서 쉽게 할 수 있는 대표적인 근력 강화 운동으로는 아령, 윗몸일으키기, 팔굽혀펴기, 앉았다 일어서기 등이 있고, 유산소 운동으로는 걷기, 조깅, 수영, 자전거 타기 등이 있다. 이 운동들은 30분 이상 땀이 날 만큼의 강도로 해야지 지방이 타는 효과를 볼 수 있다. 유산소 운동과 근력 강화 운동의 비율은 6:4가 적당하다.

건국대 대학병원 가정의학과 최재경 교수의 조언 한마디.

"보통사람들이 말하는 급다이어트는 굶거나 식사량을 대폭 줄이면서 집중적으로 운동을 해 체중을 줄이는 것을 말하는데 이렇게 무리하게 운동을 하거나 체중을 줄이면 근육이 오히려 손실 된다. 몸매는 피하지방과 관련있기 때문에 2~3개월 꾸준한 운동을 통해 지방을 태우고 근육을 만들어야 한다."

한양대 대학병원 관절재활의학과 이규훈 교수의 한마디.

"근육은 지방을 태우는 난로 역할을 하기 때문에 근육이 증가할수록 지방이 잘 탄다. 평상시 근력 강화 운동을 안 하면 유산소 운동만으로 살을 빼는 데는 한계가 있다. 운동을 병행해 체중 조절을 하려면 지방을 태울 수 있는 근육이 기본적으로 있어야 한다. 근력 강화 운동은 근육에 무리를 줘서 근육량을 늘리는 것이기 때문에 근력 강화 운동을 하루 했다면 근육이 피로하지 않도록 다음날엔 유산소 운동을 하며 근육을 쉬게 해줘야 한다."

삼성서울병원 스포츠의학센터 박원하 교수의 한마디.

"비만이며 무릎 관절염이 있는 사람은 달리기를 하면 발목에 부담을 줄 수 있으므로 체중 부담이 적은 자전거 타기가 더 적절하다. 배가 많이 나왔거나 아랫배에 지방이 많은 사람은 복부 운동기구를 집중적으로 이용하는 것보다 수영과 조깅처럼 전신의 근육을 움직일 수 있는 운동을 선택해 칼로리 소비량을 늘리는 것이 좋다."

'고강도 간격 운동(high-intensity interval training)'은 짧고 굵게 하는 운동법이다. 이 운동법은 유산소 운동의 효과에 대한 회의 때문에 생겨났다.

유산소 운동은 처음에는 근육 안에 있는 탄수화물을 에너지원으로 사용하지만 점차 지방을 더 많이 에너지원으로 이용한다. 하지만 유산소 운동을 지속하면 몸은 '에너지원으로 사용될 지방'을 축적하는 체질로 바뀌어 간다.

반면 고강도 간격 운동을 하는 동안에는 칼로리 소모가 적지만, 운동을 하지 않는 나머지 시간에는 칼로리 대사가 빨라지고 지방을 비축하지 않는 체질이 된다. 이는 고강도 간격 운동을 할 때 에너지원으로 지방을 사용하지 않기 때문이다.

고강도 간격 운동의 효과는 다음과 같다.

1) 심폐지구력이 빠르게 좋아진다.
2) 평상시에 신진대사가 증가하고 지방 연소율이 높아진다.
3) 하루 15분만 운동해도 불필요한 체지방을 줄일 수 있다.
4) 나쁜 콜레스테롤(LDL)을 낮추고 좋은 콜레스테롤(HDL)을 높일 수 있다.

캐나다 맥마스터 대학 연구팀은 고강도 간격 운동과 유산소 운동의 효과를 실험을 통해 다음과 같이 정리했다.

고강도 간격 운동과 유산소 운동의 차이

	고강도 간격 운동	유산소 운동
운동 방법	30초간 전력으로 사이클 타고 잠깐휴식, 이를 4~6회 반복	40~60분 동안 쉬지 않고 사이클 타기
소비 에너지	약 54칼로리(kcal)	약 540칼로리(kcal)
운동 빈도	주 3회	주 5회
1주 운동 시간	약 10분(휴식 시간 포함 약 1시간 30분)	약 4시간 30분
운동 강도	전력으로 약 500w	최대 산소 섭취량의 65%(약 150w)

1) 칼로리 소모는 고강도 간격 운동이 유산소 운동보다 훨씬 적었지만 6주 뒤에는 두 그룹 모두 심폐지구력과 근육의 연소 능력이 개선되었다.

2) 심장이 밀어내는 혈액량인 심장 박출량은 고강도 간격 운동 그룹에서만 좋아졌다. 즉 시간을 훨씬 적게 투자하고도 비슷하거나 더 좋은 결과를 냈다.

서울대 대학병원 가정의학과 박민선 교수의 한마디.

"고강도 간격 운동을 하면 심폐지구력이 향상되고 성장호르몬이 촉진돼 근육은 많아지고 지방은 적어진다. 하지만 고강도 간격 운동은 심장과 관절에 무리를 주고 근육통을 유발할 수 있으므로, 노인이나 심장·폐 질환이 있는 사람, 심한 비만 환자 등에게는 맞지 않을 수 있다."

비만 전문 리셋클리닉 박용우 원장의 한마디.

"적게 먹고 유산소 운동을 해야 살이 빠지는 것으로 알고 있는 사람이 많지만 이렇게 하면 요요 현상이 생기기 쉽다."

박덕은 박사의 건강 상식 · 56
무리한 운동보다는 내 몸에 맞는 운동을 하자.

14
음주 후에 운동을 해야

성균관대학 삼성서울병원 박원하 교수는 다음과 같이 조언했다.

1) 운동을 하면 술이 덜 취하고 또 음주 후에 운동하면 술이 빨리 깬다.

2) 음주 후 컨디션이 좋지 않을 때 억지로라도 운동하는 것은 '운동 탈락'을 방지하는 데 결정적이다.

3) 술자리에서 알코올이 뇌의 식욕 억제 기능을 방해하기 때문에 무엇인가 더욱 먹게 된다.

4) 안주를 먹지 않아도 과음하면 인체는 근육에서 아미노산이나 지방을 끄집어내 에너지원으로 쓰기 때문에 근육이 부실해지며 단기적으로 체지방은 빠져도 몸속 지방의 비율은 더 높아진다.

5) 술 마신 다음날 퍼져 있으면 활동량이 감소해 비만의 원인이 된다.

6) 과음한 다음날에는 평소의 80~90%라도 운동을 하는 것이 몸에 훨씬 좋다. 인체는 상황과 필요에 따라 신체 각 부위에 도달하는 혈액의 양과 속도를 조절하는 '혈류 재분배 시스템'을 갖고 있는데 운동을 하면 온몸의 혈액순환량이 많아진다. 알코올 분해는 혈액순환의 횟수와 비례하므로 운동을 하면 술이 빨리 깬다.

7) 운동을 하면 혈액이 알코올 대사 과정에서 생기는 독성물질인 퓨젤 유(Fugel 에)를 빨리 없앤다.

8) 운동을 하면 근육세포로 흐르는 혈액이 급증해 음주 때문에 아미노산이나 지방이 부족해진 근육세포가 생기를 되찾게 된다.

9) 운동을 하면 지방세포에 쌓인 글리코겐을 에너지원으로 쓰면서 칼로리를 소비하므로 뱃살 해소에도 도움이 된다.

10) '음주 후에는 무조건 쉬어야 간(肝)도 쉴 수 있다'고 알고 있지만 음주 후에 운동하면 혈류 재분배를 통해 독소를 배출시켜 간에 도움이 훨씬 많이 된다.

11) 등산, 운동 뒤에 술을 마시면 술이 덜 취한다. 운동할 때에는 맥박이 평소보다 2~3배 정도 빨라지지만 운동이 끝나면 떨어진다. 운동이 끝난 후 1~2시간 정도는 평소보다 조금 빠른 상태에서 맥박이 안정적으로 유지된다. 이때 신진대사가 잘 되므로 술을 마시더라도 덜 취한

박덕은 박사의 건강 상식 · 57

음주 후에는 운동을 하여 뱃살의 지방세포에 쌓인 글리코겐을
에너지원으로 쓰게 만들자.

15
적당히 걸어야

미국 스포츠의학자 바브라 무어 박사는 2007년 4월 〈워싱턴포스트지〉와의 인터뷰에서 한마디.

"보통 직장인은 하루 2,500~5,000걸음을 걷는데 이보다 두세 배 더 걸으면 건강이 달라진다."

미국 쿠퍼연구소의 연구 결과.

"매주 40분씩 4회 걷는 것의 운동 효과가 매주 30분씩 3회 뛰는 것과 비슷하다."

데나 브라바타 교수가 이끄는 미국 스탠퍼드 대학 연구팀은 2,767명을 대상으로 평균 18주 동안 진행한 26개의 연구 결과를 분석했다. 참가자의 85%는 여성이었고 평균 나이는 49세였다. 이 연구 결과는 미국 의학협회지 〈JAMA〉(2007년 11월호)에 발표되었다.

1) 만보기를 이용한 사람들은 활동량이 늘어 체중이 줄고 혈압이 낮아졌다.

2) 만보기를 찬 그룹은 차지 않은 그룹보다 평균 2,491보(약 1.6km)를 더 걸었다.

3) 만보기를 보기 때문에 더 걷게 된 사람들은 체질량 지수(BMI)가 평균 0.4, 최고 혈압은 3.8mmHg 감소했다. 혈압은 2mmHg 낮아질 때마다 심장 발작과 혈관 질환으로 사망할 위험이 각각 10%, 7% 줄어드는 것으로 알려져 있다.

4) 만보기 숫자를 채우겠다는 심리적 목표가 사람들을 활동적으로 만든 것 같다.

5) 만보를 다 채우지 않더라도 전보다 더 활동량이 많아졌다.

6) 하루 2,000보를 더 걸으면 신체 활동이 27%나 향상되는데, 만보기는 평소 잘 움직이지 않는 사람의 건강에 큰 도움이 될 수 있다.

마이클 트레넬 교수가 이끄는 영국 뉴캐슬 대학 연구팀은 2형 당뇨병 환자 10명과 일반인 10명에게 만보계를 주고 하루에 1만 걸음을 걷도록 했다. 그로부터 8주 후 연구팀이 당뇨병 환자들을 자기공명영상(MRI, Magnetic resonance imaging)으로 촬영해 분석했다. 이 연구 결과는 〈당뇨병 치료 저널(journal Diabetes Care)〉(2008년 7월호)에 발표되었으며, 영국 일간지 〈텔레그라프〉, 〈가디언〉 온라인판 등에 2008년 7월 28일 보도되었다.

1) 자투리 시간을 활용해 하루에 총 45분 이상 꾸준히 걸으면 당뇨병과 비만 치료에 크게 도움이 되었다.
2) 2형 당뇨병 환자가 하루 평균 6,000걸음 이상을 걸었더니 혈당수치가 감소하고 지방이 20% 소모되었다.
3) 하루에 6,000걸음 이상 걷는 사람이 그보다 적게 걷거나 아예 걷지 않은 사람보다 지방이 20% 이상 감소됐으며 근육 안에 당을 저장하는 능력이 강화됐다.
4) 근육은 당을 가장 많이 저장해 놓는 저장소로 근육이 당을 충분히 흡수하지 못하면 혈당수치가 비정상적으로 높아진다.

걷기 다이어트는 다음과 같다.

1) 걷기의 효과: 심장 건강에 좋으며 유연성을 길러 준다.
2) 걷는 속도: 초보자는 1분에 90m, 중급자 이상은 1분에 100m 이상을 걷는다.

걷기 다이어트의 효과를 높이는 방법은 다음과 같다.

1) 운동 횟수는 일주일에 4회 이상 한다.
2) 걷는 시간은 한 번에 30분 ~ 1시간 정도가 적당하다.
3) 걸음걸이를 힘차게 한다.
4) 저녁 과식은 피한다.

여성의 97%, 남성의 68%가 특정 식품에 대한 식탐을 갖고 있다. 그중에서도 초콜릿은 단연 으뜸이다. 초콜릿은 사람의 기분을 좋게 하는 여러 요소를 갖추고 있다. 따라서 현대인은 옆에 초콜릿이 있으면 쉽게 집어들 수 있다. 스트레스를 받을 때 이 현상은 더 심해진다.

아드리안 테일러 교수가 이끄는 영국 엑세터 대학 연구팀은 초콜릿을 규칙적으로 먹는 25명을 대상으로 3일간 초콜릿을 못 먹게 한 뒤, 15분을 활발하게 걷게 한 그룹과 그냥 쉬도록 한 그룹으로 나눴다. 그리고 초콜릿 바를 주며 포장을 뜯는 비율을 관찰했다. 이 연구 결과는 학술지 〈식욕(Appetite)〉 온라인판에 2008년 11월 발표됐으며, 영국 일간지 〈텔레그래프〉 온라인판, 미국 온라인 과학 뉴스 〈사이언스 데일리〉 등에 2008년 11월 11일 보도되었다.

1) 간단한 걷기만으로도 군것질 식탐을 조절할 수 있었다.

2) 15분 동안 지속적으로 또는 쉬었다 걸었다 하면서 걸은 그룹에선 초콜릿 포장을 뜯는 비율이 상대적으로 낮았다.

3) 초콜릿에 대한 식욕 감소 효과는 걷는 동안뿐만 아니라, 운동이 끝난 10분 뒤까지 지속되는 것으로 나타났다.

4) 단 음식에 대한 욕구 조절에 애를 먹는 사람들이나 살을 빼고 싶은 사람들에게 15분 걷기의 효과는 좋은 소식이 될 것이다.

5) 운동이 뇌의 화학적 반응에 영향을 미쳐 기분과 욕구를 조절하는 데 도움을 준다는 사실이 다시 한번 확인되었다.

6) 초콜릿 바를 어쩌다 한 번 즐기는 것은 기분 조절에 좋을 수도 있지만 습관적으로 먹는 것은 비만으로 가는 지름길이다.

7) 15분씩 활발하게 걷기를 하루 두 번 해주면 건강과 정신에 좋으며 칼로리 섭취량 조절에도 도움을 준다.

치빈 치 박사가 이끄는 연구팀은 여성 7,740명, 남성 4,564명의 신체 활동과 TV 시청 시간 등 생활습관에 관해 2년여에 걸쳐 자료를 수집해 분석했다. 이 연구 결과는 미국 캘리포니아에서 열린 미국 심장협회 학술회의에서 2012년 3월 발표되었으며, 〈AFP 통신〉 온라인판에 2012년 3월 19일 보도되었다.

1) 매일 1시간을 걸으면 비만의 유전적인 영향이 줄어든다. 체질량 지수(BMI, 신장에 대한 몸무게 비율을 표시하는 지수)로 환산하면 절반 정도 낮추는 것과 같았다.

2) 가볍게 움직이는 사람이 앉아만 있는 사람보다 유전적인 비만 위험을 확실하게 낮출 수 있다.

3) 일주일에 40시간 TV를 보는 사람의 BMI 수치에 대한 유전적인 영향이 0.34kg/m2인데 반해, 하루 1시간 이하로 TV 시청을 하는 사람은 0.08kg/m2로 나타나 현저한 차이를 보였다. 미국인은 매일 평균 4~6시간 TV를 시청하는 것으로 집계됐다.

4) 하루 1시간 이하로 TV 시청하는 사람이 걷기 운동을 하면 BMI 수치에 대한 유전적인 영향이 0.06kg/m2로 더욱 감소했다.

5) TV를 계속 시청하는 등 앉아서 하는 생활이 BMI에 미치는 효과를 직접 따져 본 최초의 연구다.

박덕은 박사의 건강 상식 · 58

체지방 감소와 근육 안에 당을 저장하는 능력을 강화하기 위해 하루 6,000걸음 이상 걷자.

16
평소보다 주말에 더 많이 움직여야

　수잔 라세테 교수가 이끄는 미국 워싱턴 대학 연구팀은 성인 남녀 48명을 대상으로 1년 동안 식사량과 운동량, 체중 감량을 분석했다. 연구팀은 참가자들을 세 그룹으로 나눠 '주말 연구'를 진행했다. A그룹은 음식 열량과 운동량을 평소대로 했고, B그룹은 음식 열량을 평소보다 20% 줄였고, C그룹은 운동량을 평소보다 20% 더 했다. 참가자들은 매일 식사량을 기록하고, 활동량 측정 장치가 달린 옷을 입고 생활했다. 이 연구 결과는 〈비만학지(Journal Obesity)〉 온라인판에 2008년 7월 발표되었으며, 미국 의학 뉴스 웹진 〈헬스데이〉에 2008년 7월 25일 보도되었다.

1) 평소보다 주말에 20% 더 움직인 사람은 1년 동안 체중이 7kg 줄었지만 평소처럼 움직인 사람은 오히려 4kg이 늘었다.
2) 주말엔 출퇴근을 안 하고 늦게 일어나는 등 활동량이 부족해지기 때문에 철저히 식사량을 조절해야 한다. 주말에 방심하고 운동을 게을리하면 체중이 늘기 십상이다.
3) 연구에 앞서 참가자들의 체중과 식사량, 활동량 등을 비교했더니 주중에는 체중이 감소했지만 주말에는 증가하는 경향이 있었다.
4) 주말 활동량과 체중의 상관관계가 명확해졌다.

박덕은 박사의 건강 상식 · 59
주말에는 평소보다 더 많이 활동량을 늘리자.

17
충분한 수면을 취해야

　미국 수면재단은 성인에게 하루 7~9시간의 수면 시간을 권장하고 있다. 만성적인 수면 부족은 당뇨병, 고혈압, 뇌졸중, 심혈관 질환을 일으킬 가능성이 있고, 우울증, 흡연, 음주에 영향을 주는 것으로 알려져 있다. 그래서 전문의들은 일요일이라고 늦잠 자지 말 것, 낮잠은 짧게 잘 것, 잠들기 2시간 전 커피와 담배는 피할 것, 잘 때는 TV를 끌 것, 침실은 어둡고, 조용하며 통풍이 잘되게 할 것을 권고하고 있다.

　오르페우 벅스톤 교수가 이끄는 미국 하버드대 의과대학 연구팀은 근무 시간이 길고 교대시간이 불규칙한 직장인 남성 542명을 조사했다. 잠을 자는 시간 및 수면에 대한 만족도와 식습관을 설문 조사하고 그들의 업무 평가서 등을 분석했다. 참가자의 평균 나이는 49세였다. 이 연구 결과는 〈미국 공중보건 저널(American Journal of Public Health)〉 온라인판에 2009년 11월 4일에 발표되었으며, 미국 건강 웹진 〈헬스데이〉, 방송 〈ABC 뉴스〉 온라인판 등에 2009년 11월 6일 보도되었다.

1) 충분한 잠을 잤다고 응답한 사람 3명 가운데 2명은 건강에 좋은 식습관을 갖고 있었다.

2) 규칙적으로 잠을 충분하게 자면 건강에 좋은 식습관을 갖게 돼 뚱뚱해지는 것을 예방할 수 있다.

3) 잠을 자는 시간과 수면의 질은 비만, 당뇨병 등과 같은 만성적인 질환 증가와 관련이 있다.

4) 적절한 잠은 건강한 식습관을 가지게 함으로써 만성적인 질환의 위험을 줄일 수 있다.

플라멘 페네브 교수가 이끄는 미국 시카고 대학 연구팀은 35~49세의 과체중이지만 전반적으로 건강한 성인 10명에게 칼로리를 제한한 식단을 제공하고 두 그룹으로 나누어 관찰했다. 그룹별로 각각 하루 5시간 30분, 8시간 30분을 자게 했다. 2주 후 연구팀은 지방 손실량, 제지방량(전체 몸무게에서 지방량을 제외한 무게)을 측정했다. 또 배고픔을 유발하는 호르몬인 그렐린 수치도 살폈다. 이 연구 결과는 〈내과학회보(Annals of Internal Medicine)〉(2010년 10월호)에 발표되었으며, 미국 의학 뉴스 매체 〈메디컬뉴스투데이〉에 2010년 10월 8일 보도되었다.

1) 참여자들은 평균 약 3kg의 몸무게가 감소됐다.

2) 하루 8시간 반을 잔 사람은 5시간 반을 잔 사람보다 제지방이 훨씬 더 줄었다.

3) 8시간 30분을 충분히 잔 그룹은 지방과 제지방이 평균 1.4kg씩 비슷하게 감소했다.

4) 5시간 30분을 잔 그룹은 지방은 평균 0.6kg 줄었고, 제지방은 평균 5.3kg 줄어 지방이 아닌 부분이 많이 빠졌다.

5) 잠을 충분히 자면 다이어트 중에 배고픔을 훨씬 덜 느꼈다.

6) 8시간 30분을 잔 사람들은 그렐린 수치가 변하지 않았지만 5시간 30분을 잔 사람들은 그렐린 수치가 증가했다.

7) 그렐린 수치가 높아지면 에너지 소비가 줄어들고, 배고픔을 느껴 음식을 찾는다.

8) 작심하고 다이어트 하면 살이 빠지겠지만 잠을 충분히 자면 지방이 줄어들어 효과적인 다이어트를 할 수 있다.

9) 다이어트를 제대로 하려면 음식을 적게 먹고, 잠을 충분히 자야 한다.

찰스 엘더 박사가 이끄는 미국 오레곤 주 포틀랜드의 카이저퍼머넌트 건강연구센터 연구팀은 하루에 500kcal를 섭취하는 성인 500명을 대상으로 수면과 뱃살의 관계를 조사했다. 연구팀은 이들의 수면 습관은 물론 운동, 음식, TV와 컴퓨터 사용 시간 등을 조사했다. 6개월 뒤 이들의 체중을 다시 측정해 보았다. 이 연구 결과는 〈국제비만 저널(International Journal of Obesity)〉(2011년 3월호)에 발

표되었으며, 영국 일간지 〈데일리메일〉에 2011년 3월 30일 보도
되었다.

1) 매일 일정한 시간에 6~8시간씩 잠을 잔 사람은 평균 4.5㎏ 정도 뱃살을 중심으로 살이 빠졌다.

2) 일주일에 3시간 이상 운동하고 과일, 채소, 저지방 음식을 주로 먹은 사람도 살이 빠졌다.

3) 수면 습관이 불규칙한 사람은 살이 거의 빠지지 않았다.

4) 규칙적으로 일정 시간 이상 깊이 잠자면 포만감과 배고픔을 조절하는 호르몬의 균형이 잘 맞아 칼로리 섭취를 막아주기 때문에 뱃살이 빠졌다.

5) 잠을 충분하게 푹 자면 스트레스가 줄어들고 그로 인해 스트레스를 음식으로 푸는 습관이 줄어든다.

6) 뱃살을 빼려고 체육관에서 억지로 땀을 흘리거나 맛없는 음식만을 골라먹는 것보다 일찍 잠자리에 들어 푹 자는 것이 현명한 선택이다.

7) 명상을 통해 스트레스를 줄이는 것도 도움이 된다.

미국 캘리포니아 주립대학 로스앤젤레스 캠퍼스(UCLA) 연구팀은
만성불면증 환자와 건강한 사람을 대상으로 식사 조절과 관련있는
호르몬을 조사했다. 이 연구 결과는 다음과 같다.

1) 밤에 잠을 못 자면 낮에 식욕을 자극하는 호르몬은 증가하고 에너지를 소비하도록 하는 호르몬은 낮아지는 것으로 나타났다.

2) 잠을 못 자면 게걸스럽게 음식을 탐하기 쉽고 에너지를 덜 쓰게 된다.

3) 불면증 환자는 잠을 잘 자는 사람보다 살찔 가능성이 네 배나 높았다.

박덕은 박사의 건강 상식 · 60
음식은 골고루 먹되 적게 먹고, 잠은 충분히 자자.

18
부모와 함께 다이어트를 해야

　데이비드 자니케 교수가 이끄는 미국 플로리다 대학 연구팀은 비만 치료 서비스가 충분하지 못한 미국 플로리다 주 농촌 지역에 살고 있는 8~14세의 과체중 또는 비만인 어린이 93명과 그들의 부모를 대상으로 두 가지 비만 치료 방법을 비교했다. A그룹은 부모만 참여해 자녀의 다이어트를 지도하도록 교육받았으며, B그룹은 가족이 모두 참여해 다이어트 방법을 지도받았다. 4개월간의 다이어트 지도가 끝난 뒤 측정해 보았다. 이 연구 결과는 학술지 〈소아 청소년 의학지(Archives of Pediatric Adolescent Medicine)〉(2008년 12월호)에 발표되었으며, 미국 의학 논문 소개 사이트 〈유레칼러트〉에 2008년 12월 18일 보도되었다.

1) 부모만 참가한 A그룹의 체중 감량 실적이 가장 좋았다.

2) A그룹에서 성적이 더 좋았던 이유는, 가족 모두가 참석해야 하는 B그룹의 경우 출석률이 63%였던 데 비해, A그룹은 부모만 참석하기에 출석률이 74%로 높았기 때문이다.

3) 다이어트 프로그램이 끝난 뒤 6개월 시점에서 프로그램 참여 어린이들의 비만도를 추가로 측정해 보니, 두 그룹은 서로 큰 차이 없이 평균 4%의 체중 감량 효과를 보였다.

4) 어린이 비만 치료에서 중요한 점은 천천히 그리고 아이들이 재미를 느끼면서 다이어트 프로그램에 참여할 수 있도록 하는 것이다. 가족끼리 서로 도와 가면서 다이어트를 진행할 때 효과는 더 커진다.

　타야 크롬리 교수가 이끄는 미국 캘리포니아 대학 연구팀은 체질량 지수(BMI)가 또래보다 85% 이상 높거나 과체중으로 분류되는

12~20세 소녀 103명과 그들의 부모를 대상으로 설문 조사를 실시했다. 이 연구 결과는 〈청소년 건강(Adolescent Health)〉 저널 온라인 판에 2010년 4월에 발표되었으며, 미국 의학 웹진 〈메디컬뉴스투데이〉, 온라인 과학 뉴스 〈이사이언스뉴스〉 등에 2010년 4월 25일 보도되었다.

1) 부모의 몸무게 조절이나 몸매 관리에 관한 메시지는 직·간접적으로 청소년 자녀에게 전달되었다.

2) 뚱뚱한 자녀에게 살을 빼라는 부모의 압력, 자존의식, 몸매에 대한 자기만족과 날씬한 체형을 강조하는 것과 같은 요소들이 그 메시지에 속했다.

3) 부모가 건강한 몸을 유지하고 체중 조절도 잘 해야만 뚱뚱한 자녀가 부모를 본받아 다이어트를 시도하고 또 성공하게 된다.

4) 아이의 다이어트에는 부모만 한 롤 모델이 없다.

5) 뚱뚱한 청소년들이 보여주는 몸무게와 관련된 행동이나 인식은 부모 또는 가족의 영향이 크다.

6) 가족 간의 애정과 유대감이 아이의 과식 습관도 줄이기 때문에 가정 분위기가 아주 중요하다.

7) 청소년들이 선택하는 건강치 못한 체중 조절 행동으로는 빨리 먹기, 식사 거르기, 구토 등이 있다.

8) 소변량을 많게 해 몸속의 수분 배출을 촉진하는 이뇨제, 배변을 쉽게 하는 완화제 등을 복용하는 것은 건강치 못한 체중 조절 행동 중 하나다.

9) 섭취 칼로리 줄이기, 운동하기, 과일과 채소 많이 먹기, 고지방 음식 피하기 등은 건강한 체중 조절 습관들이다.

영양학자 안세아 마가레 교수가 이끄는 호주 플린더스대 의과대학 연구팀은 5~9세 비만 어린이를 둔 169명의 엄마들을 관찰했다. 엄마들은 6개월 동안 건강 생활 프로그램에 참여해 영양소 교육과 운동을 했다. 이 연구 결과는 〈소아과(pediatrics) 저널〉(2011년 2월호)에 발표되었으며, 미국 건강 웹진 〈헬스데이〉에 2011년 1월 25일 보도되었다.

1) 비만 어린이의 살을 빼려면 아이에게 직접 다이어트를 시키는 것보다 부모가 먼저 다이어트 교육을 받고 살을 빼는 모습을 보이는 것이 더 효과적이다.

2) 엄마의 식생활이 변하고 규칙적인 운동이 계속되자 비만 어린이들의 체질량 지수가 평균 10% 낮아졌고, 더불어 비만아들의 빠진 몸무게는 18개월 정도 유지되었다.

3) 변화한 부모의 식습관과 생활습관이 자연스럽게 아이에게 영향을 주어 살을 빼게 했다.

4) 부모가 다이어트에 대한 인식이 달라지자 아이의 일상이 변하기 시작했다. TV 보는 시간이 줄고 함께 운동하는 시간이 늘었다. 영양 면에서는 지방이 들어간 음식이 줄고 과일과 채소가 늘어났다.

5) 다이어트에 대한 인식이 생긴 부모들은 몸에 좋지 않은 음식을 원하는 아이들에게 전보다 더 잘 거절했고 TV 시청도 하루 2시간을 넘지 않게 했다.

6) 참을성이 아직 부족한 아이에게 다이어트를 강요해 봐야 효과가 높지 않기 때문에, 부모 그리고 모든 가족이 함께해야 성공률이 높아진다.

난나 올센 교수가 이끄는 덴마크 코펜하겐 대학 연구팀은 2~6세 덴마크 어린이 500명을 대상으로 수면 습관과 소아비만과의 상관관계를 조사했다. 특히 부모가 가난하거나 과체중 임신부의 아이들을 대상으로 조사했다. 이 연구 결과는 2012년 5월에 열린 유럽 비만학회에서 발표되었고, 2012년 5월 9일 〈헬스데이〉에 보도되었다.

1) 한밤중에 자다가 깨어나도 자기 침대에서 다시 잠든 아이들은 부모에게 가서 다시 잠든 아이들보다 비만이 될 확률이 세 배나 높았다.

2) 부모 품에서 잠든 아이들이 안정감을 더 많이 느꼈고 음식도 덜 먹었다.

3) 부모와 함께 있다는 안정감이 아이들의 비만을 예방해 주었다.

4) 부모와 같이 자지 않으면 아이를 비만으로 만들 수도 있다.

참조: 스톡홀름 카롤린스카 연구소의 퍼닐라 다니엘슨 박사는 6~16세의 스웨덴 청소년 643명(남아 330명, 여아 313명)을 대상으로 1998년부터 2006년까지 실시한 비만에 대한 행동 치료(behavioral treatment: 사람들이 자신의 행동과 생각을 바꾸도록 하는 다양한 행동지향적인 방법을 제공

하는 것) 결과를 측정했다. 이번 연구는 참가자들이 체중 관련 데이터에 대해 점수를 매기는 방식으로 진행되었다. 이 연구 결과는 프랑스 리용에서 열린 '비만에 관한 유럽회의'에서 발표되었으며, 〈헬스데이 뉴스〉에 2012년 5월 11일 보도되었다.

1) 비만 치료 시기는 나이가 어리면 어릴수록 좋다.

2) 심한 비만을 가진 나이 어린 아이들에게서 가장 좋은 효과가 나타났다.

3) 심한 비만을 가진 10대 청소년에서는 효과가 거의 없었다.

4) 중간 정도의 비만의 경우 나이 어린 아이들은 좋은 효과를 보였으나, 나이가 좀더 든 아이들은 효과가 덜했다.

5) 이번 연구에 참가한 비만도가 심한 10대 중에서 92%가 7세 이전에 이미 비만에 이른 상태였으며, 51%는 비만도가 심각해진 상태였다.

6) 어린 나이에 비만 치료를 하면 실패 확률을 낮출 수 있다.

박덕은 박사의 건강 상식 · 61
부모가 건강한 몸을 유지하고 체중 조절을 잘하면 자녀도 그대로 본받는다.

19
조작된 기억을 심어 줘야

영국 스코틀랜드에 있는 세인트앤드루스 대학 엘케 케라어츠 박사, 캐나다 콴틀란 대학 다니엘 번스테인 박사 등 6개 대학으로 구성된 국제 연구팀은 연구 대상자들 중 한 그룹에는 실제로 그런 적이 없었지만 어린 시절에 달걀 샌드위치를 먹고 탈이 난 적이 있었다는 조작된 기억(False Memories)을 심어줬다. 이후 연구팀이 연구 대상자들 모두에게 달걀 샌드위치를 먹게 하고 달걀 샌드위치를 먹고 탈이 났다고 여기게 만든 연구 대상자들을 조사했다. 이 연구 결과는 미국 심리과학협회에서 발간하는 학술지 〈심리과학(Psychological Science)〉(2008년 8월호)에 발표되었으며, 미국 온라인 과학 뉴스 사이트 〈사이언스데일리〉에 2008년 8월 22일 보도되었다.

1) 어린 시절에 겪지 않았던 일이지만 겪은 일인 것처럼 여기게 만든 '조작된 기억'을 심어 주면 그 사람의 태도나 행동이 달라졌다.
2) 오랜 기간의 행동을 간단한 암시로 변화시킬 수 있었다.
3) '조작된 기억'으로 행동을 바꿀 수 있었다.
4) 조작된 기억을 갖고 있는 연구 대상자들은 달걀 샌드위치의 맛을 낮게 평가했을 뿐만 아니라 먹는 것을 꺼려했다.
5) 이번 연구를 통해 어린 시절 무슨 일이 있었던 것처럼 조작된 기억을 심어주면 사람의 행동이나 태도를 변화시킬 수 있다는 것이 명백히 입증됐다.
6) 비만 치료를 할 때 어린 시절 음식에 대해 안 좋은 기억이 있는 것처럼 생각하도록 암시를 주면 음식에 대한 태도를 바꿀 수 있을 것이다.

저자 프로필

박덕은 (예명; 박한실. 닉네임; 헤르소)

전남 화순 출생

前 전남대학교 인문과학대학 교수인 朴德垠씨는 [중앙일보] 신춘문예 문학평론 당선, [전남일보](現 광주일보) 신춘문예 동화 당선, [창조문학신문] 신춘문예 시 당선을 비롯하여 전 장르(시, 소설, 동화, 동시, 시조, 수필, 희곡, 문학평론, 아동문학평론, 단편소설, 장편소설, 소년소설)에 걸쳐 등단과 수상을 기록한 문학박사이다.

해학, 위트, 유머, 재치가 넘치는 그의 삶은 열정과 신념으로 가다듬은 122권의 저서에서 다채로운 향기를 풍기고 있다. 그리고 그 향기에 취한 '시를 사랑하는 사람들'과 함께 늘 시심을 가다듬기에 여념이 없다. 시를 쓰며 문학을 사랑하며 자신의 택한 길을 올곧게 달려가고 있는 그는 현재 서울을 비롯하여 광주, 나주, 순창, 담양을 시향의 고을로 만들기 위해 오늘도 정성과 최선을 다하고 있다.

건강학 저서로는 〈비타민과 미네랄 & 떠오르는 영양소〉, 〈내 몸에 꼭 맞는 영양가이드〉, 〈내 몸에 꼭 맞는 다이어트 제1권 비만 원인〉, 〈내 몸에 꼭 맞는 다이어트 제2권 비만 탈출〉 등을 펴낸 바 있다.

〈박덕은 건강서 발간 현황〉

이상 총 저서 122권 발간